“十四五”职业教育国家规划教材

职业教育机电类
系列教材

Creo Parametric 5.0
项目教程
微课版

何秋梅 / 主编

马文婷 王元春 方广铭 / 副主编

ELECTROMECHANICAL

人民邮电出版社

北 京

图书在版编目（CIP）数据

Creo Parametric 5.0项目教程：微课版 / 何秋梅
主编. -- 北京：人民邮电出版社，2021.9
职业教育机电类系列教材
ISBN 978-7-115-56247-0

Ⅰ．①C… Ⅱ．①何… Ⅲ．①计算机辅助设计－应用
软件－职业教育－教材 Ⅳ．①TP391.72

中国版本图书馆CIP数据核字(2021)第054073号

内 容 提 要

本书结合考证与竞赛，重点介绍用 Creo Parametric 5.0 进行产品设计的方法、步骤与技巧。全书
包括二维草绘、实体造型、曲面设计、装配设计、工程图制作、动画制作、机构仿真、考证与竞赛试
题分析 8 个项目，每个项目又根据实际教学需要分为若干个任务。

本书采用项目导向结合任务驱动的模式编写，结构清晰，内容翔实，案例丰富，重点培养读者的
应用能力和创新思维能力。

本书可作为高校机械类及相关专业的教材，也可作为从事机械等工作的技术人员的参考用书，同
时对参加"高教杯"全国大学生先进成图技术与产品信息建模创新大赛的人员有一定的参考价值。

◆ 主　　编　何秋梅
　　副 主 编　马文婷　王元春　方广铭
　　责任编辑　刘晓东
　　责任印制　王　郁　彭志环
◆ 人民邮电出版社出版发行　　北京市丰台区成寿寺路 11 号
　　邮编　100164　电子邮件　315@ptpress.com.cn
　　网址　https://www.ptpress.com.cn
　　北京市艺辉印刷有限公司印刷
◆ 开本：787×1092　1/16
　　印张：16.75　　　　　　　2021 年 9 月第 1 版
　　字数：442 千字　　　　　2024 年 7 月北京第 4 次印刷

定价：56.00 元

读者服务热线：(010)81055256　印装质量热线：(010)81055316
反盗版热线：(010)81055315
广告经营许可证：京东市监广登字 20170147 号

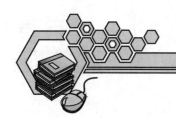

前言

党的二十大报告指出，加快建设国家战略人才力量，既要努力培养更多"大师、战略科学家、一流科技领军人才和创新团队、青年科技人才"，也要努力造就更多"卓越工程师、大国工匠、高技能人才"。习近平总书记强调，各级党委和政府要高度重视技能人才工作，大力弘扬劳模精神、劳动精神、工匠精神，激励更多劳动者特别是青年一代走技能成才、技能报国之路，培养更多高技能人才和大国工匠，为全面建设社会主义现代化国家提供有力人才保障。

本书通过若干个典型案例来展开教学，使读者能够在做中学、学中做、做中通。本书共有 8 个项目，每一个项目（项目 8 除外）的后面均配有适量的练习题供读者进行自我评估，使读者能够学以致用，并检验学习效果。本书融入大量"CAD 技能等级"考试与相关大赛的真题，按照"学以致用、少而精、够用为止"的原则编写，贯彻新的国家标准，旨在强化技能训练，真正做到课、证、赛相融合。

本书重点突出应用性和实用性，书中的图例紧密结合工程实践，汇集经过提炼的工程实例，有立体图和标准模型答案对照，便于读者领会和掌握；图例的计算机操作步骤采取逐步展现的方式，便于初学者轻松入门；同时也能引导有一定基础的读者用最少的时间掌握三维 CAD 的建模方法和技巧，提高三维建模的技能水平，为通过"CAD 技能等级"考试和参加大赛做准备。

本书涵盖使用 Creo 软件进行产品设计与仿真的全过程，是一本以实践为主、理论结合实际的实用性图书，其结构清晰，内容翔实，案例丰富，重点、难点突出，着重培养读者的应用能力和创新思维能力。本书面向高职院校机械相关专业的学生编写，既适用于初学者快速入门，也适用于有一定经验的读者巩固提高，还可作为参加全国 CAD 技能等级培训与考评工作的参考用书，同时对参加相关技能大赛的读者有很高的参考价值。

本书配有网络教学平台，全书所有项目任务的素材源文件、结果文件、教学视频、习题答案、动画、PPT、案例库等资源已全部上线，内容翔实，图文并茂，欢迎到人邮教育社区（www.ryjiao.com）下载。

本书的编者长期从事图学、CAD 技术教育，有较深的学术造诣、丰富的教学和培训经验，均能熟练掌握 CAD 软件的操作与应用，且有较丰富的相关图书编写经验。

全书由广东水利电力职业技术学院的何秋梅担任主编，并统稿、定稿，广东机电职业技术学院的马文婷、广东水利电力职业技术学院的王元春和中山甜美电器有限公司的方广铭担任副主编。广东水利电力职业技术学院的陶素连和袁万选也参与了本书的编写工作，在此对他们的帮助表示感谢。

本书虽几易其稿，但因编者水平有限，书中难免有欠缺之处，诚望广大读者不吝赐教！

编　者

2023 年 5 月

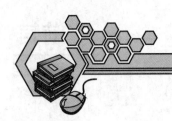

目录

项目 1
二维草绘

课程育人

任务 1.1 二维草图绘制

【任务学习】

1.1.1 Creo Parametric 5.0 基础操作

1. 认识 Creo 软件

Creo Parametric（简称 Creo）软件是美国参数技术公司（PTC）推出的一款新型产品。它整合了 Pro/Engineer 的参数化技术、CoCreate 的直接建模技术和 ProductView 的三维可视化技术，针对不同的任务应用采用更为简单的子应用方式。Creo 软件支持产品从概念设计、工业造型设计、三维建模设计、分析计算、动态模拟与仿真、工程图输出，到生产加工成成品的全过程，应用范围涉及航空航天、汽车、机械、数控（Numerical Control，NC）加工以及电子等诸多领域。

Creo 作为 PTC 闪电计划中的一员，具备互操作性、开放性、易用性三大特点。在产品生命周期中，不同的用户对产品开发有着不同的需求。不同于其他解决方案，Creo 旨在解决 CAD 行业中几十年未解决的问题。

① 解决机械 CAD 领域中未解决的重大问题，包括基本的易用性、互操作性和装配管理。

② 采用全新的方法实现解决方案（建立在 PTC 的特有技术和资源的基础上）。

③ 提供一组可伸缩、可互操作、开放且易于使用的机械设计应用程序。

④ 为设计过程中的每一名参与者适时提供合适的解决方案。

2. Creo 5.0 用户界面

Creo 5.0 的用户界面包括导航选项卡区、快速访问工具栏、标题栏、功能区、"视图控制"工具条、图形区、消息区、智能选取区和菜单管理器区（图 1-1 中菜单管理器区未弹出）等，如图 1-1 所示。

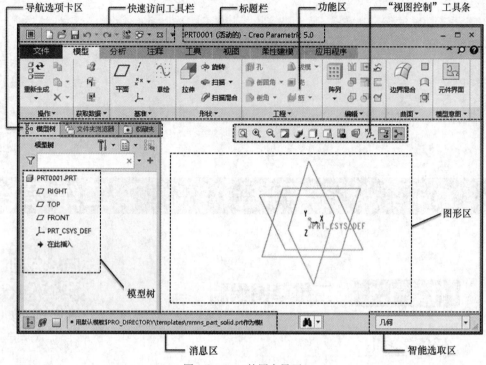

图 1-1　Creo 的用户界面

（1）导航选项卡区

导航选项卡区包含 3 个选项卡："模型树""文件夹浏览器""收藏夹"。

①"模型树"中列出了当前活动文件中的所有零件及特征，并以树的形式显示模型结构。根对象（活动组件或零件）显示在模型树的顶部。其从属对象（零件或特征）位于根对象之下，如在活动装配文件中，"模型树"列表的顶部是组件，组件下方是各个零件的名称；在活动零件文件中，"模型树"列表的顶部是零件，零件下方是各个特征的名称。若打开多个 Creo 模型，则"模型树"只显示活动模型的内容。

②"文件夹浏览器"类似于 Windows 操作系统的"文件资源管理器"，用于浏览文件。

③"收藏夹"用于有效组织和管理个人资源。

（2）快速访问工具栏

快速访问工具栏中包括新建、保存、修改模型和设置 Creo 环境的一些命令。快速访问工具栏为快速选择命令及设置工作环境提供了极大的方便，用户可以根据具体情况定制快速访问工具栏。

（3）标题栏

标题栏显示了当前的软件版本以及活动的模型文件的名称。

（4）功能区

功能区中包含"文件"菜单和功能选项卡，功能选项卡包含了 Creo 中的所有功能按钮，并以选项卡的形式进行分类。用户可以根据需要自定义各功能选项卡中的按钮，也可以自己创建新的功能选项卡，将常用的命令按钮放在自己定义的功能选项卡中。

① "文件"选项卡：用于新建文件、文件存取与管理。

② "模型"选项卡：包括所有的零件建模工具。

③ "分析"选项卡：包括模型分析与检查工具。

④ "注释"选项卡：用于创建和管理模型的 3D 注释。

⑤ "工具"选项卡：包含建模辅助工具。

⑥ "视图"选项卡：包含模型显示的详细设定。

⑦ "柔性建模"选项卡：用于对模型直接编辑。

⑧ "应用程序"选项卡：用于切换到其他应用模块，如机构仿真、动画制作、结构分析等。

注意：在使用 Creo 的过程中，用户会看到有些菜单命令和按钮处于非激活状态（呈灰色），这是因为它们目前还没有处在可以发挥功能的环境中，一旦进入与它们有关的使用环境，它们便会自动激活。

（5）"视图控制"工具条

"视图控制"工具条将"视图"选项卡中部分常用的命令按钮集成在一个工具条中，以便随时调用，如图 1-2 所示（"零件"类型）。

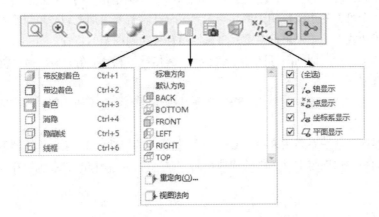

图 1-2 "视图控制"工具条（"零件"类型）

命令按钮说明如下。

① "重新调整"按钮 ：调整缩放等级以全屏显示对象。

② "放大"按钮 ：放大目标图元，以查看更多的图元细节。

③ "缩小"按钮 ：缩小目标图元，以获得更广阔的几何视图。

④ "重画"按钮 ：重绘当前视图。

⑤ "渲染选项"按钮 ：切换渲染选项，包括"环境光遮蔽"和"场景背景"。

⑥ "显示样式"按钮 ：分为"带反射着色""带边着色""着色""消隐""隐藏线""线框" 6 种显示样式。

⑦ "已保存方向"按钮 ：选择视图的方向。

⑧ "视图管理器"按钮 ：创建、定义简化表示以及创建截面等。

⑨ "透视图"按钮 ：切换透视视图。

⑩ "基准显示过滤器"按钮 ：控制是否显示基准轴、基准点、坐标系和基准平面。

⑪ "注释显示"按钮 ：打开或关闭 3D 注释及注释元素。

⑫ "旋转中心"按钮 ：显示并使用默认的旋转中心，或隐藏旋转中心并使用鼠标指针位

置作为旋转中心。

模型视图的旋转、平移和缩放操作可通过按住鼠标中键并结合"Shift"键或"Ctrl"键来实现，具体操作方法如表 1-1 所示。

表 1-1　鼠标对模型视图的调整操作

模型视图的控制	三键鼠标的操作方法
模型视图的缩放	方法一：向前或向后滚动鼠标中键，模型视图以鼠标指针为中心进行缩小或放大
	方法二：按住鼠标中键和"Ctrl"键的同时向前或向后移动鼠标
模型视图的旋转	按住鼠标中键的同时移动鼠标
模型视图的平移	按住"Shift"键和鼠标中键的同时移动鼠标

（6）图形区

图形区为 Creo 中各种模型、图像的显示区。

（7）消息区

在用户操作软件的过程中，消息区会实时显示与当前操作相关的提示信息等，以引导用户操作。消息区有一个可见的边线，用于将其与图形区分开。若要增加或减少可见消息行的数量，可将鼠标指针置于边线上，按住鼠标左键，将鼠标指针移动到期望的位置。

消息分为 5 类，以不同的图标区分：➡提示；●信息；⚠警告；✖出错；✖危险。

（8）智能选取区

智能选取区也称过滤器，主要用于快速选取某种需要的元素（如几何、基准等）。

（9）菜单管理器区

菜单管理器区包含一系列用来执行 Creo 内某些任务的层叠菜单。菜单管理器区中的菜单随模式而变，其上的一些选项与工具条中的选项相同。在进行某些操作时，系统会在界面右侧弹出相应的菜单。

3. 设置 Creo 工作目录

Creo 在运行过程中会将大量的文件保存在当前目录中，常常也会从当前目录中自动打开文件。为了更好地管理 Creo 中大量有关联的文件，应特别注意，在进入 Creo 后，开始工作前需要设置 Creo 工作目录。

下面以"E:\Creo 练习"为例说明设置 Creo 工作目录的操作过程。

① 启动 Creo。在安装完 Creo 之后，可以通过双击桌面的 Creo Parametric 5.0 快捷图标▇来启动 Creo。

② 单击"选择工作目录"按钮▇或者单击"文件"→"管理会话"→"选择工作目录"命令。

③ 系统弹出"选择工作目录"对话框，如图 1-3 所示。选择 E 盘，在 E 盘中查找并选择工作目录"Creo 练习"，单击对话框中的"确定"按钮。

完成操作后，目录"E:\Creo 练习"变成当前工作目录，后续的文件创建、保存、自动打开、删除等操作都将在该目录中进行。

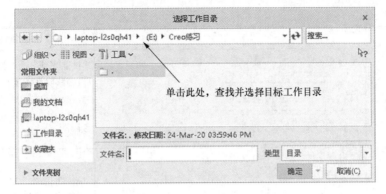

图 1-3　"选择工作目录"对话框

4. 文件操作

单击"新建"按钮，系统弹出"新建"对话框，如图 1-4 所示。

（1）新建文件主要类型

选择"类型"选项组中的不同单选按钮，可以新建不同类型的文件。主要的文件类型包括以下几种。

◆　"草绘"类型：用于 2D 草图绘制，扩展名为".sec"。

◆　"零件"类型：用于 3D 零件设计、3D 钣金设计等，扩展名为".prt"。

◆　"装配"类型：用于 3D 装配设计、机构运动分析等，扩展名为".asm"。

◆　"制造"类型：用于模具设计、NC 加工编程等，模具设计的扩展名为".asm"，NC 加工编程的扩展名为".mfg"。

◆　"绘图"类型：用于实现 2D 工程图的制作，扩展名为".drw"。

（2）主要的文件操作

用户在 Creo 中除了可以新建文件，还可以进行表 1-2 所示的主要的文件操作。

图 1-4　"新建"对话框

表 1-2　主要的文件操作

文件操作	输入命令	备注
保存文件		将文件保存在设定的工作目录里。保存的新文件不会覆盖旧文件，而是会生成新版次的文件
打开文件	新建文件　打开文件　保存文件　关闭文件	打开现有模型
关闭文件		关闭窗口并将对象留在会话窗口中，关闭窗口时，文件并不会自动存盘，被关闭的文件仍驻留在内存中
多文件窗口切换		单击选择要激活的窗口
后台文件激活		激活此窗口

续表

文件操作	输入命令	备注
拭除（清理内存）	单击"文件"→"管理会话"命令 管理会话 拭除当前(C) 从此会话窗口中移除活动窗口中的对象。 拭除未显示的(D) 从此会话窗口中移除不在窗口中的所有对象。	"拭除当前"命令用于从此会话窗口中移除活动窗口中的对象。 "拭除未显示的"命令用于从此会话窗口中移除不在窗口中的所有对象
删除旧版本	单击"文件"→"管理文件"命令 管理文件 重命名(R) 重命名当前对象和子对象。 删除旧版本(O) 删除指定对象除最高版本号以外的所有版本。 删除所有版本(A) 从磁盘删除指定对象的所有版本。	"删除旧版本"命令用于删除指定对象除最高版本号以外的所有版本。 "删除所有版本"命令用于从磁盘删除指定对象的所有版本

1.1.2　创建二维草绘

草绘模式是 Creo 软件中专门用来绘制二维图形的工具，也称为草绘器。二维图形是进行三维造型的基础，大部分特征的创建都需要用到草绘模式。实际上，三维造型的大部分时间都花在草绘上。并且，草绘图绘制得正确与否，直接决定了特征生成的成败。

1. 草绘模式介绍

（1）进入草绘模式的方法

在 Creo 软件的快速访问工具栏中单击"新建"按钮 📄，打开"新建"对话框，如图 1-5 所示。在"类型"选项组中选择"草绘"单选按钮，在"文件名"文本框中输入文件名称，然后单击"确定"按钮进入草绘模式。另一种方法是：在"类型"选项组中选择"零件"单选按钮，然后在"模型"选项卡的"基准"组中单击"草绘"按钮，再选择草绘平面，进入草绘模式。

（2）"草绘"选项卡

进入草绘模式后，"草绘"选项卡中会出现草绘时需要的各种工具，如图 1-6 所示。

图 1-5　"新建"对话框

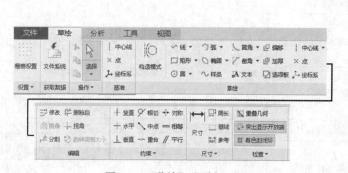

图 1-6　"草绘"选项卡

① "设置"组：用于设置草绘栅格的属性、图元的线条样式等。

② "获取数据"组：用于导入外部草绘数据。

③ "操作"组：用于对草绘进行复制、粘贴、剪切、删除等操作。

④ "基准"组：用于绘制基准中心线、基准点和基准坐标系。

⑤ "草绘"组：用于绘制直线、矩形、圆和样条曲线等实体图元和构造图元。

⑥ "编辑"组：包括"修改""镜像""分割""删除段"和"旋转调整大小"等编辑工具。

⑦ "约束"组：用于添加几何约束。

⑧ "尺寸"组：用于添加尺寸约束。

⑨ "检查"组：用于检查开放端点、重叠图元和封闭环等。

（3）"视图控制"工具条

草绘模式下，"视图控制"工具条将"视图"选项卡中部分常用的命令按钮集成在一个工具条中，以便随时调用，如图1-7所示。其大部分按钮跟前面介绍的"零件"类型"视图控制"工具条的一致（见图1-2），这些按钮前面已介绍。草绘模式下只是多了3个视图控制按钮，下面仅说明这3个按钮。

① "草绘视图"按钮：定向草绘平面使其与屏幕平行。

② "修剪模型"按钮：隐藏位于活动草绘平面前的模型几何。

③ "草绘显示过滤器"按钮：控制是否显示尺寸、约束、栅格、顶点和锁定。

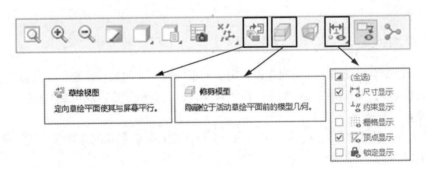

图1-7 草绘模式下的"视图控制"工具条

（4）草绘器中的术语

为了更好地学习Creo的草绘器，需要先了解和掌握草绘器中的一些常用术语，这些常用术语的含义如表1-3所示。

表1-3 草绘器中常用术语的含义

术语	定义描述或特征
图元	草绘图形的基本组成元素（如直线、圆弧、圆、样条曲线、圆锥曲线、点或坐标系等）
参考图元	创建特征截面或轨迹等对象时参考的图元，参考的图元（例如零件边）对草绘器为"已知"
尺寸	图元或图元之间关系的测量
约束	定义图元或图元间关系的条件，约束符号会出现在应用约束的图元旁边
参数	草绘器中的辅助数值
关系	关联尺寸和（或）参数的等式
弱尺寸	用户草绘时，草绘器自动创建的尺寸被称为"弱尺寸"，弱尺寸以灰色显示；当用户添加尺寸时，多余的弱尺寸会被自动删除

续表

术语	定义描述或特征
强尺寸	带有用户主观意愿的尺寸被称为"强尺寸"；由用户创建的尺寸总是强尺寸，弱尺寸经过修改后会自动变为强尺寸。用户也可以直接将某一弱尺寸转化为强尺寸
冲突	若创建的尺寸或约束是多余的，或者与已有的尺寸或约束矛盾，就会出现冲突。此时，可通过删除不需要的尺寸或约束来解决，也可通过将多余的尺寸转变为参考尺寸来解决

（5）"草绘诊断器"工具

在特征创建的过程中，草绘的图形不能有重叠；有时还会要求图形封闭，不能有开放端，否则会造成特征生成失败。为了保证草绘出正确的图形，可以使用图 1-8 所示的"草绘诊断器"工具（在"草绘"选项卡的"检查"组中）对所绘制的图形进行诊断。

"草绘诊断器"工具的功能用途如下。

① （着色封闭环）：用来检查草绘链是否封闭。当选择该工具时，封闭的草绘链会着色显示。如果没有着色显示，说明草绘链要么有开放端，要么有重叠的图元。

图 1-8　"草绘诊断器"工具

② （突出显示开放端）：用来查找草绘链的开放端。当选择该工具时，草绘链的开放端端点会以红色加亮显示。

③ （重叠几何）：用来查找有几何重叠的位置。当选择该工具时，有几何重叠的草绘链会以绿色加亮显示。

2. 草绘模式的设置

用户可以根据草绘图的实际情况来设置需要的草绘模式。例如，设置显示或隐藏、顶点、约束、尺寸和弱尺寸，设置草绘器"约束"优先选项，改变栅格参数以及草绘器精度和尺寸的小数位数等。

单击"文件"→"选项"→"草绘器"命令，打开设置草绘模式的选项卡，相关设置如图 1-9 所示，根据需要设置草绘模式。

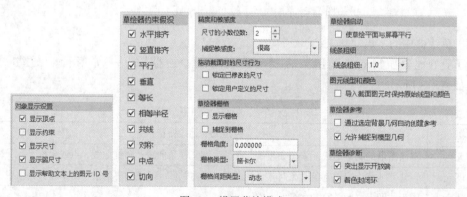

图 1-9　设置草绘模式

3. 图形的绘制与编辑

图元是组成几何截面的基本元素，包括点、直线、圆弧、圆、样条曲线、圆锥曲线、坐标系等。单击"草绘"命令，其下有一系列基本图元的绘制命令，可以进行相应图元的绘制。常用基本图元的绘制工具如图1-6所示,每个工具都有说明。基本图元的绘制比较简单,这里就不一一介绍了。

绘制好基本的图形之后,通常还需要使用编辑命令或者工具对现有几何图形进行处理,以获得符合设计要求的图形。常见的编辑命令有镜像、移动调整、修剪、复制与粘贴、切换构造等。现对部分命令进行介绍,如下所示。

(1)镜像

镜像图形的操作步骤如下。

① 选择要镜像的图形(有多个图元时,可以采用框选的方式,也可以按住"Ctrl"键进行多个图元的选择)。

② 在功能区中单击"镜像"按钮,或者在功能区中单击"编辑"→"镜像"命令。

③ 选择作为镜像基准的一条中心线,即可完成镜像操作,如图1-10所示。

注意:镜像的基准必须是中心线,不能是实线或者构造线。

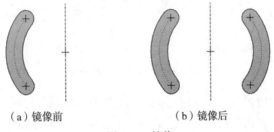

(a)镜像前   (b)镜像后

图1-10 镜像

(2)移动调整

移动调整(平移、旋转和缩放)图形的操作步骤如下。

① 选择图1-10(b)所示的图形。

② 在功能区中单击"移动调整"按钮,图形会变成如图1-11所示的样子,并弹出"旋转调整大小"对话框。此时,可以使用鼠标指针对图1-11所示的⊗(平移图柄)、↻(旋转图柄)或↘(缩放图柄)进行拖动操作,从而对图形进行实时移动、旋转或缩放。

③ 在"旋转调整大小"对话框中,设置旋转角度为90°,缩放比例值为2,如图1-12所示。单击"完成"按钮✔,结果如图1-13所示。

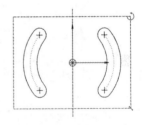

图1-11 显示的图形

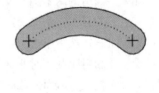

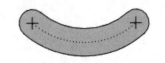

图1-12 设置参数   图1-13 旋转和缩放结果

（3）修剪

"草绘"选项卡中包括 ⚒（删除段）、⊢（拐角修剪）和 ⌐（分割）3 个工具。下面分别介绍它们的功能。

⚒（删除段）。"删除段"工具用于动态地修剪草绘图元，是最常用的修剪工具，使用该工具可以动态地将多余的线段删除。单击"删除段"按钮 ⚒，然后单击要删除的线段［见图 1-14（a）中箭头所指］即可。

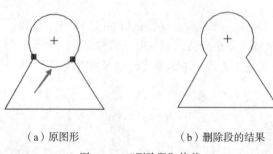

（a）原图形　　　　　　　　　　（b）删除段的结果

图 1-14　"删除段"修剪

⊢（拐角修剪）。"拐角修剪"工具用于将图元剪切或延伸到其他图元。如果要修剪的两个图元是相交的，单击"拐角修剪"按钮 ⊢，然后单击要保留的两个图元段［见图 1-15（a）中箭头所指］，即可修剪掉保留段交点另一侧的部分。

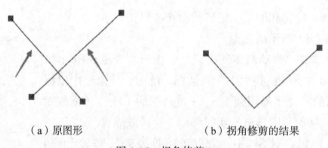

（a）原图形　　　　　　　　　　（b）拐角修剪的结果

图 1-15　拐角修剪 1

如果要修剪的两个图元没有相交，但延伸后可以相交，那么拐角修剪后的两个图元将自动延伸至交点，并且将位于该交点另一侧的线段修剪掉（如果有的话），如图 1-16 所示。单击"拐角修剪"按钮 ⊢，然后单击图 1-16（a）中箭头所指的两个位置，结果如图 1-16（b）所示。该命令在草绘特征的封闭截面时非常有用，当检查到截面在某处断开后，可以拐角修剪该处的两个图元，使它们延伸相交，从而使截面闭合。

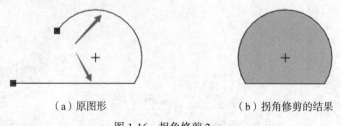

（a）原图形　　　　　　　　　　（b）拐角修剪的结果

图 1-16　拐角修剪 2

（分割）。"分割"工具用于将图元在指定的某一点处断开，使其分割成两部分。

（4）复制与粘贴

在绘制截面的过程中，可以复制已绘制的图形。先选择要复制的图形，在功能区中单击"复制"按钮，接着单击"粘贴"按钮；然后在图形区的指定位置单击，则会在该位置出现一个与原图形形状大小相同的图形，并会弹出"旋转调整大小"对话框。在该对话框中设置缩放比例和旋转角度等参数，单击"完成"按钮 ✔，就可以完成图形的复制。

（5）"切换构造"按钮

构造线主要用作辅助定位线，以虚线的样式显示，如图1-17中箭头所示。用户可以在"构造模式"下绘制构造线，但用户可以将绘制的实线转化为构造线，方法是选择实线，然后打开左键快捷菜单，从中单击"切换构造"按钮；也可以将构造线转化为实线，方法是选择构造线，然后打开左键快捷菜单，从中单击"切换构造"按钮。

4. 几何约束

在草绘截面图形的过程中，往往需要根据几何图元之间的相互关系来设置某些几何约束条件。在图1-6所示的草绘选项卡中有图1-18所示的"约束"工具栏，其中有"竖直""水平""垂直""相切""中点""重合""对称""相等"和"平行"9种约束。其中，"对称"约束的对称基准必须是中心线，并且只能对点进行对称约束。其添加方法是先单击要对称的两个点（可以是线段端点、圆弧中心等），然后单击作为对称基准的中心线；或者先单击中心线，再单击两个点。其他几何约束的添加较为简单，这里就不一一介绍了。

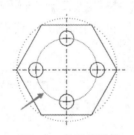

图1-17 构造线示例

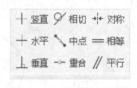

图1-18 "约束"工具栏

5. 尺寸标注

为了确保绘制的截面草图的每一个图元都已被充分约束，系统在图元绘出的同时会自动标注上完全约束所需的尺寸，这些系统自动标注的尺寸称为弱尺寸。弱尺寸有时候并不符合设计的要求，这时候需要用户自己修改或者手动标注尺寸。由用户修改或者手动标注的尺寸称为强尺寸。如果添加了多余的尺寸或约束，系统会优先自动删除多余的弱尺寸。当没有弱尺寸可以删除时，会出现尺寸冲突。弱尺寸也可以转化为强尺寸，方法是选择弱尺寸，然后单击鼠标右键，在快捷菜单中选择"强"选项。

尺寸标注的命令位于"草绘"→"尺寸"子菜单中。另外，"标注"工具栏中也提供了常用的标注工具，如图1-19所示。其中，用于标注常规尺寸，用于标注周长，用于标注参考尺寸，用于标注基线尺寸。

图1-19 "标注"工具栏

使用 （常规尺寸）工具可以标注出大部分需要的尺寸，如长度、距离、角度、直径、半径等。下面对一些常用尺寸的标注方法进行说明。

标注长度。单击要标注的线段，然后在放置尺寸标注的位置单击鼠标中键。

标注距离。分别单击两点（或两平行线，或点与线），然后在放置尺寸标注的位置单击鼠标中键。当两点在水平方向和垂直方向上未对齐时，在不同位置单击鼠标中键，标注的结果会不一样，如图 1-20 所示。当在虚线框左侧单击鼠标中键时，标注结果如图 1-20（a）所示；当在虚线框上方单击鼠标中键时，标注结果如图 1-20（b）所示；当在虚线框里面单击鼠标中键时，标注结果如图 1-20（c）所示。

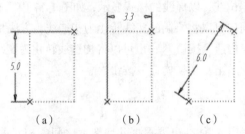

　　（a）　　　　　　　（b）　　　　　　　（c）

图 1-20　两点间距离的标注

标注角度。单击一条边，再单击另一条边，然后在放置尺寸标注的位置单击鼠标中键。

标注直径。在圆周（或圆弧）上任意单击两点，然后在放置尺寸标注的位置单击鼠标中键。

标注半径。在圆周（或圆弧）上任意单击一点，然后在放置尺寸标注的位置单击鼠标中键。

标注椭圆半径。在椭圆圆周上单击一点，然后单击鼠标中键，弹出如图 1-21 所示的"选取"工具栏。从中单击"长轴"按钮◯或者"短轴"按钮◯，然后修改尺寸，标注结果如图 1-22 所示。

标注对称尺寸。单击要标注的点，接着单击中心线，再单击要标注的点，最后在放置尺寸标注的位置单击鼠标中键。对称标注结果如图 1-23 所示。

　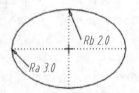　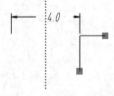

图 1-21　"选取"工具栏　　　图 1-22　椭圆半径的标注　　　图 1-23　对称尺寸的标注

标注圆弧弧长。单击圆弧的一个端点，再单击圆弧的另一个端点，然后单击圆弧上一点，最后在放置尺寸标注的位置单击鼠标中键。圆弧弧长标注结果如图 1-24 所示。

标注样条曲线。样条曲线端点或插值点的距离标注与其他距离标注方法相同。现介绍样条曲线端点或内部点的相切角度的标注方法。单击样条曲线，再单击样条曲线端点（或内部点），然后单击参考图元（一般为中心线），最后在放置尺寸标注的位置单击鼠标中键。样条曲线端点相切角度的标注结果如图 1-25 所示。

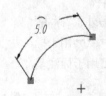　　　　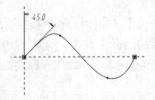

图 1-24　圆弧弧长的标注　　　图 1-25　样条曲线端点相切角度的标注

6. 创建文本

单击"创建文本"按钮 $\underline{A}$，或者单击"草绘"→"文本"命令，接着在图形区分别指定两点，以确定文本的高度和方向；同时系统会弹出如图 1-26 所示的"文本"对话框，在"文本"文本框中输入要插入的文本。如果需要插入一些较为特殊的文本符号（如形位公差的符号等），可以单击 按钮（图 1-26 中箭头所指），在弹出的如图 1-27 所示的"文本符号"对话框中选择需要的符号。

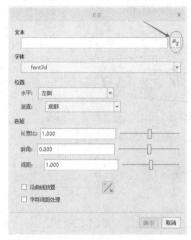

图 1-26　"文本"对话框

图 1-27　"文本符号"对话框

7. 解决尺寸和约束冲突

在标注尺寸和添加约束的过程中，有时候会遇到出现多余的强尺寸或约束的情况，这时候系统会弹出图 1-28 所示的加亮"解决草绘"对话框，要求用户移除一个不需要的尺寸或约束。当然用户也可以撤销当前添加的尺寸或约束来解决冲突。

"解决草绘"对话框中的 4 个按钮的功能如下。

① "撤销"按钮：撤销当前尺寸或约束的添加。

② "删除"按钮：删除列表框中的一个约束或者尺寸。

③ "尺寸>参考"按钮：将列表框中的一个尺寸转换为参照尺寸，该按钮仅在存在冲突尺寸时才可以使用。

④ "解释"按钮：在消息区中显示选择项目的说明信息。

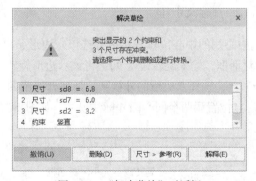

图 1-28　"解决草绘"对话框

Creo Parametric 5.0 项目教程（微课版）

扳手操作视频

【任务实施】

1.1.3　草图设计实例：扳手

图 1-29 所示是一个扳手的二维尺寸图，完成该二维草图绘制。

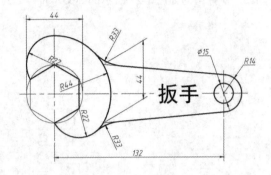

图 1-29　扳手的二维尺寸图

任务实施过程如下。

① 打开 Creo，在快速访问工具栏中单击"新建"按钮 □，弹出"新建"对话框，如图 1-5 所示。选择类型为"草绘"，输入文件名"扳手"，单击"确定"按钮创建草绘文件。

② 进入草绘模式，使用"中心线"工具 ┆创建一条水平中心线和两条竖直中心线，使用"标注尺寸"工具 ↤选择两条竖直中心线，输入 132，结果如图 1-30 所示。然后使用"选项板"工具 ◩调用六边形，如图 1-31 所示。

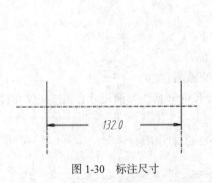

图 1-30　标注尺寸

图 1-31　调用六边形

③ 移动六边形到左侧中心线的中心位置，然后框选该六边形，再单击"旋转调整大小"按钮 ◌，弹出图 1-32 所示的对话框，输入旋转角度 90，将该六边形旋转 90°，单击"确定"按钮。然后单击"标注尺寸"按钮 ↤，选择六边形的外接圆，标注外接圆的半径为 22。接着单击"创建圆"按钮 ◌，在右侧中心点位置画两个同心圆并标注尺寸，如图 1-33 所示。

图 1-32　"旋转调整大小"对话框

14

④ 以六边形的中心为圆心绘制一个半径为 44 的圆，以六边形的上方和右下方顶点为圆心分别绘制一个半径为 22 的圆，如图 1-34 所示。单击"删除段"按钮，删除不需要的圆弧，并把六边形左下方的两条边设置为构造线（单击该线段，在弹出的工具栏中选择"切换构造"工具，如图 1-35 所示），得到如图 1-36 所示的图形。

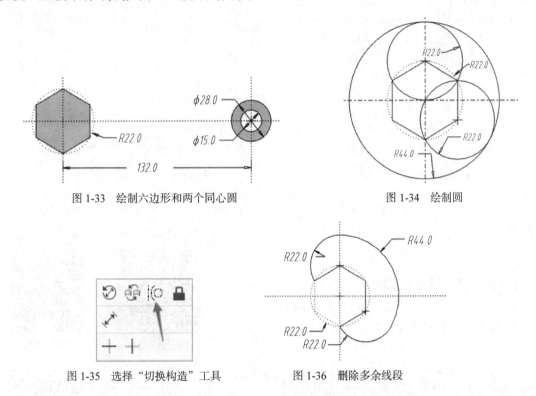

图 1-33　绘制六边形和两个同心圆　　　　　　　　图 1-34　绘制圆

图 1-35　选择"切换构造"工具　　　　　图 1-36　删除多余线段

⑤ 使用"创建线段"工具绘制两条连接线，与右侧的外圆相切，且与左侧的圆弧相交，并相对水平中心线对称，标注两交点的距离为 44，结果如图 1-37 所示。

⑥ 使用"创建圆"工具绘制一个半径为 33 的圆，与相交处的两个图元相切，然后删除多余的圆弧，实现倒圆角功能，再把多余的连接线设置为构造线，结果如图 1-38 所示。

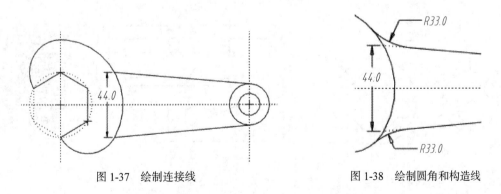

图 1-37　绘制连接线　　　　　　　　　图 1-38　绘制圆角和构造线

⑦ 单击"文本"按钮，在图形区中单击鼠标左键选择显示文本的位置，在图 1-39 所示的"文本"对话框中输入"扳手"，选择仿宋字体，单击"确定"按钮。然后，在草绘模式中选择显示所有尺寸，最终结果如图 1-40 所示。

图 1-39　"文本"对话框

图 1-40　草绘扳手结果

【自我评估】练习题

绘制图 1-41 所示的各个二维草图。

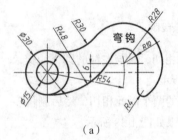

（a）

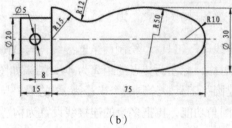

（b）

a 操作视频　　b 操作视频

c 操作视频

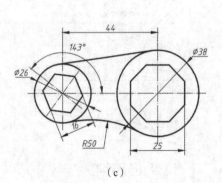

（c）

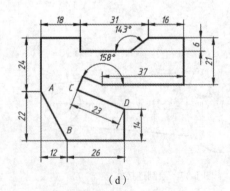

（d）

d 操作视频

图 1-41　二维草图

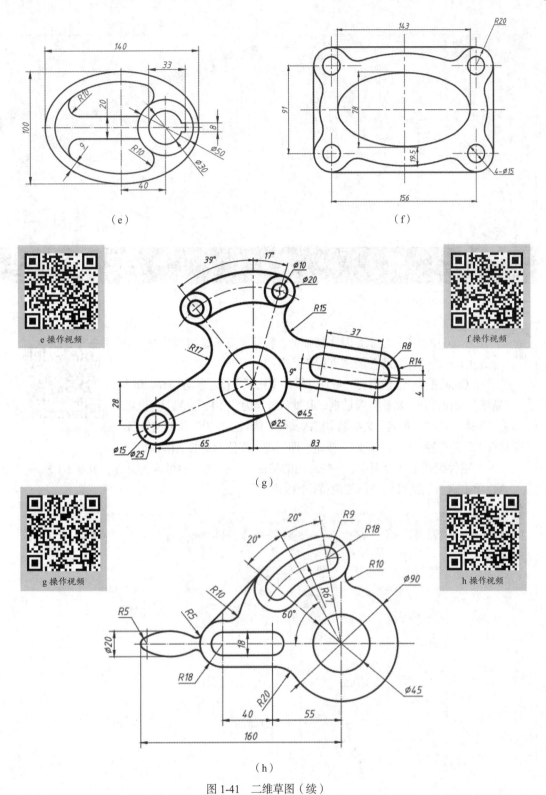

（e）　　　　　　　　　　　　　　（f）

e 操作视频

f 操作视频

（g）

g 操作视频

h 操作视频

（h）

图 1-41　二维草图（续）

项目2

实体造型

在 Creo 中，产品造型是基于特征的，特征是其三维造型最基本的单元。Creo 通过特征的叠加来进行产品造型。

用 Creo 进行产品造型时一般在其零件模式下进行。启动 Creo，单击"新建"按钮打开"新建"对话框，其默认类型为"零件"，默认子类型为"实体"。在"文件名"文本框中输入文件名或直接采用默认的文件名。接受默认的设置，单击"确定"按钮，即可进入零件模式的工作界面。

课程育人

在零件模式工作界面中，一些常用的特征工具排列在图形区的上方，如图 2-1 所示，直接单击这些工具可以进行相应特征的创建。

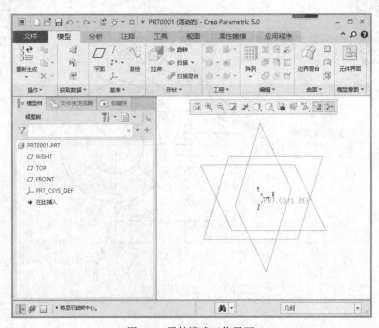

图 2-1　零件模式工作界面

作为模板，系统自动创建了 3 个相互垂直的基准平面和一个基准坐标系。3 个基准平面分别为 TOP 基准平面、RIGHT 基准平面和 FRONT 基准平面。基准坐标系 PRT_CSYS_DEF 的 3 条轴线分别为 3 个基准平面两两相交的交线。其中，z 轴与 TOP 基准平面垂直，在默认方向下，z 轴指向上。这些基准特征可以作为三维造型的初始定位基准和参照。视图的旋转中心图标位于坐标原点。这些基准特征既显示在图形区，又显示在模型树的根目录列表中。单击"显示"按钮，选择"层树"，即可切换到"层树"选项卡，如图 2-2 和图 2-3 所示。系统自动创建了 6 个总层和 2 个系统参照层，6 个总层分别为基准平面层、基准轴层、基准曲线层、基准点层、坐标系层和曲面层。所有的基准平面、基准轴、基准曲线、基准点、坐标系和曲面（不管是用户创建的还是系统自动创建的）都分别被包括在对应的层上。2 个系统参照层为基准平面参照层和基准坐标系参照层，基准平面参照层只包括 TOP、RIGHT 和 FRONT 这 3 个基准平面，基准坐标系参照层只包括 PRT_CSYS_DEF 坐标系。

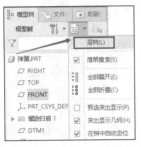
图 2-2　选择"层树"

图 2-3　"层树"选项卡

任务 2.1　拉伸特征

【任务学习】

拉伸特征是将二维草绘截面沿着与草绘平面垂直的方向拉伸一定的长度形成的，如图 2-4 所示。它是最基本和最常用的零件造型特征。

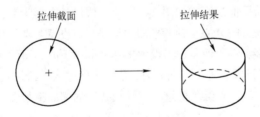

拉伸截面　　　　　　拉伸结果

图 2-4　"拉伸"示意图

2.1.1　拉伸特征创建的一般步骤与要点

1. 拉伸特征创建的一般步骤

① 单击功能区中的"拉伸"按钮，系统将弹出"拉伸"操控板，如图 2-5 所示。

图 2-5　"拉伸"操控板

② 在"拉伸"操控板上打开"放置"面板，如图 2-6 所示。单击"定义"按钮，弹出"草绘"对话框，如图 2-7 所示。

下面介绍"草绘"对话框中一些术语的含义。

图 2-6　"放置"面板

图 2-7　"草绘"对话框

◆　草绘平面：绘制特征截面的平面。

◆　草绘方向：草绘平面的视图方向。选择了草绘平面之后，草绘平面上会用一个箭头来表示草绘方向；进入草绘模式时，该箭头方向与计算机屏幕垂直并指向屏幕内；草绘方向可通过单击"草绘"对话框中的"反向"按钮来切换，也可以通过直接在图形区单击草绘平面上的箭头来切换。

◆　参考：草绘平面进入草绘模式时的摆放方向的平面，该平面必须与草绘平面垂直。

◆　方向：草绘平面进入草绘模式时，上述参考平面的方向。

在 Creo 中，平面有正、反两个方向。默认 TOP 基准平面的正向朝上，FRONT 基准平面的正向朝前，RIGHT 基准平面的正向朝右，实体表面的正向朝外。

参考平面的方向对草绘平面的影响如图 2-8 所示。假设长方形为草绘平面，粗实线为参考平面在草绘平面上的投影，箭头的方向为参考平面的正向。当设置参考平面向上时，草绘平面进入草绘模式后的摆放将如图 2-8（a）所示；当设置参考平面向下时，草绘平面进入草绘模式后的摆放将如图 2-8（b）所示；当设置参考平面向右时，草绘平面进入草绘模式后的摆放将如图 2-8（c）所示；当设置参考平面向左时，草绘平面进入草绘模式后的摆放将如图 2-8（d）所示。

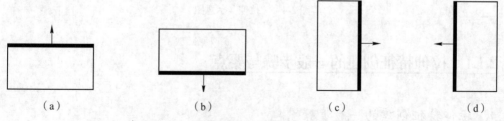

（a）　　　　　　　　（b）　　　　　　　　（c）　　　　　　　　（d）

图 2-8　参考平面的方向对草绘平面的影响

③ 在图形区选择一个基准平面（如 TOP 基准平面）作为草绘平面。系统会自动选择 RIGHT

基准平面作为参考平面，方向向右，如图 2-9 所示；并会在 TOP 基准平面上用箭头标出草绘方向，如图 2-10 所示。

图 2-9   系统自动选择参考平面

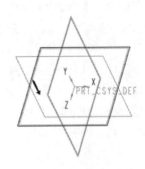

图 2-10   草绘平面上的草绘方向

用户也可以选择任意一个与草绘平面垂直的平面作为参考平面，方法是单击激活"草绘"对话框中"参考"选项右侧的收集器（收集器激活时会加亮显示），再选择其他的参考平面，所选参考平面会替换原来的参考平面。草绘平面与参考平面选择后如果不满意，都可以重新选择，方法是先单击激活草绘平面或参考平面的收集器，再在图形区或模型树上选择要选的平面。

④ 接受默认的草绘方向和参考，单击"草绘"按钮，进入草绘模式，绘制如图 2-11 所示的截面，单击"确定"按钮 ✔ 退出草绘模式，返回零件模式。

⑤ 在"拉伸"操控板上接受默认的拉伸深度类型 ⊥（盲孔），在其右侧的拉伸深度值下拉列表框中输入 15，在图形区按住鼠标中键拖动，可以旋转视图，从而可以从不同的方向观察所创建的特征，如图 2-12 所示。按"Enter"键，然后单击"确定"按钮 ✔，完成拉伸特征的创建。单击"保存的视图列表"按钮 🖳，打开如图 2-13 所示的下拉列表框，从中选择"默认方向"，结果如图 2-14 所示。

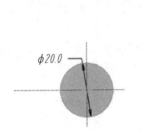

图 2-11   草绘截面

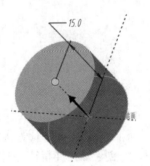

图 2-12   旋转视图

图 2-13   保存视图下拉列表框

图 2-14   默认方向

2. 拉伸特征创建的要点

① 创建拉伸特征时一般要求截面封闭，不能有开放的截面。有时候用眼睛很难看出截面是否封闭，这时可以用"着色封闭环"工具 来诊断。如果截面不着色，说明截面要么存在开放端，要么存在重叠图元。这时，可以用"加亮开放端点"工具 找出开放端。对于开放端需要相交的两个图元，可以用"拐角修剪"工具 使它们延伸相交；对于多余的开放图元，直接将其删除；对于重叠的图元，可以用"加亮重叠几何"工具 来找出重叠的位置，然后将重叠的图元删除。

② 当截面上有多个环时，环与环之间不能相交。图 2-15 所示的两种截面都是不允许的，图 2-16 所示的两种截面则是允许的。当环与环嵌套时，拉伸特征会将内环当作孔，在内环与外环之间拉伸出实体，如图 2-16（b）所示。

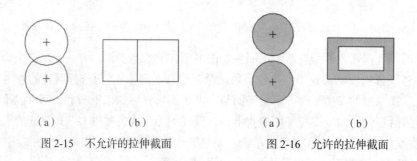

| （a） | （b） | | （a） | （b） |

图 2-15　不允许的拉伸截面　　　图 2-16　允许的拉伸截面

2.1.2　"拉伸"操控板

拉伸特征的各项定义参数都集中在图 2-17 所示的"拉伸"操控板上，下面介绍该操控板上一些选项的功能。

图 2-17　"拉伸"操控板

① "放置"面板。其作用是定义拉伸截面。

◆ ▢（实体）：创建的拉伸特征为实体。

◆ ▨（曲面）：创建的拉伸特征为曲面。

② "选项"面板。单击打开"选项"面板，如图 2-18 所示，可分别对"侧 1"和"侧 2"设置不同的拉伸深度类型。默认情况下，"侧 2"无拉伸。"封闭端"用于将拉伸曲面的两端封闭起来，实体拉伸特征不能勾选此复选框。

单击 工具右侧的下拉按钮 ，可以打开"深度类型"下拉列表框，拉伸的深度类型有以下几种。

◆ （盲孔）：从草绘平面开始以指定的拉伸深度值来拉伸。

◆ （对称）：在草绘平面两侧以指定的拉伸深度值来对称拉伸。

◆ （到下一个）：拉伸到草绘平面一侧（由拉伸方向确定）

图 2-18　"选项"面板

的下一个曲面。

◆ （穿透）：拉伸到与草绘平面一侧（由拉伸方向确定）的所有曲面相交，即从草绘平面开始拉伸到草绘平面一侧的最后一个曲面时终止。

◆ （穿至）：将截面拉伸至与选定的曲面或平面相交。

◆ （到选定的）：将截面拉伸至选定的点、曲线、平面或曲面。

③ "属性"面板。其作用是定义拉伸特征的名称。

◆ 216.51 ▾ ：用于输入拉伸深度（或长度）值。

◆ （切换方向）：将拉伸的深度方向更改为草绘平面的另一侧。也可以直接单击图形区中的箭头来改变拉伸方向。

◆ （移除材料）：对实体进行修剪。

◆ （加厚草绘）：将指定厚度应用到截面轮廓来创建薄壁实体。

◆ （预览）：预览创建的拉伸特征。

【任务实施】

2.1.3　拉伸特征应用实例一：搭接板

创建图 2-19 所示的搭接板的实体模型，尺寸自定。

搭接板操作视频

1. 创建第一个拉伸特征

① 单击功能区中的"拉伸"按钮 ，打开"拉伸"操控板，打开"放置"面板，单击"定义"按钮，弹出"草绘"对话框，选取 FRONT 基准平面为草绘平面，系统将自动选择 RIGHT 基准平面作为参考平面，方向为右，如图 2-20 所示。在该对话框中单击"草绘"按钮，进入草绘模式。

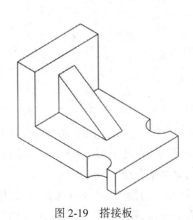

图 2-19　搭接板

图 2-20　"草绘"对话框

② 进入截面草绘模式后，绘制图 2-21 所示的特征截面，然后单击"确定"按钮 ，返回零件模式。

③ 在"拉伸"操控板中，选择深度类型为 （对称），输入拉伸深度值 80。

④ 在"拉伸"操控板中单击"预览"按钮 可以预览所创建的特征。单击"确定"按钮 ，

完成拉伸特征的创建，结果如图 2-22 所示。

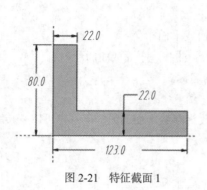

图 2-21　特征截面 1

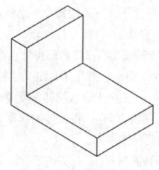

图 2-22　拉伸特征 1

2. 添加第二个拉伸特征

① 单击"拉伸"按钮 ，打开"拉伸"操控板，打开"放置"面板，单击"定义"按钮。设置草绘平面为 FRONT 基准平面，参考平面为 RIGHT 基准平面，方向为右。单击"草绘"按钮，进入草绘模式，绘制图 2-23 所示的特征截面，单击"确定"按钮 结束草绘。

② 在"拉伸"操控板中，选择深度类型为 （对称），输入拉伸深度值 20，单击"确定"按钮 ，完成第二个拉伸特征的创建，结果如图 2-24 所示。

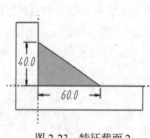

图 2-23　特征截面 2

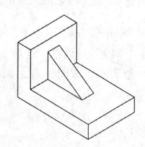

图 2-24　拉伸特征 2

3. 添加第三个拉伸特征

① 单击"拉伸"按钮 ，打开"拉伸"操控板，在该操控板上单击"移除材料"按钮 。此时，操控板上有两个 按钮，前一个用于切换拉伸的方向，后一个用于切换移除材料的方向。

② 设置草绘平面为 TOP 基准平面，参考平面为 RIGHT 基准平面，方向为右。进入草绘模式后，绘制图 2-25 所示的特征截面，单击"确定"按钮 结束草绘。

③ 在"拉伸"操控板上单击前一个 按钮，使拉伸方向指向实体所在的一侧；移除材料的方向接受默认的指向草绘截面内部，将深度类型设置为 ，显示如图 2-26 所示。单击"确定"按钮 ，完成拉伸特征的创建，结果如图 2-27 所示。

4. 镜像特征

① 在模型树中选择"拉伸 3"，或选择上一步创建的拉伸特征。单击"镜像"按钮 ，打开图 2-28 所示的"镜像"操控板。

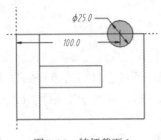

图 2-25　特征截面 3

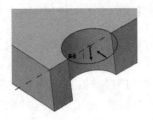

图 2-26　移除材料

② 选择 FRONT 基准平面为镜像平面，在"镜像"操控板上单击"确定"按钮✔，完成镜像操作，着色模型结果如图 2-29 所示。

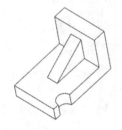

图 2-27　拉伸特征 3

图 2-28　"镜像"操控板

图 2-29　镜像结果

5. 保存文件

最后保存文件。

2.1.4　拉伸特征应用实例二：支体

创建如图 2-30 所示的支体的三维模型。

支体操作视频

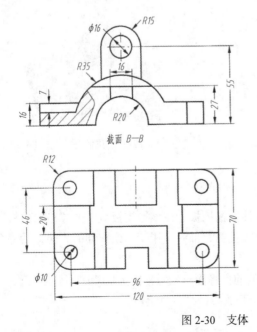

截面 B—B

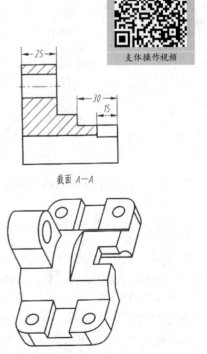

截面 A—A

图 2-30　支体

1. 创建第一个拉伸特征

① 单击"拉伸"按钮，打开"拉伸"操控板，打开"放置"面板，单击"定义"按钮，弹出"草绘"对话框，选取 FRONT 基准平面为草绘平面，系统会自动选择 RIGHT 基准平面作为参考平面，方向为右。在该对话框中单击"草绘"按钮，进入草绘模式，绘制图 2-31 所示的特征截面，单击"确定"按钮✔，返回零件模式。

② 在"拉伸"操控板中，选择深度类型为 （对称），输入拉伸深度值 70。可以单击"预览"按钮 预览所创建的特征。最后单击"确定"按钮✔，完成拉伸特征的创建，结果如图 2-32 所示。

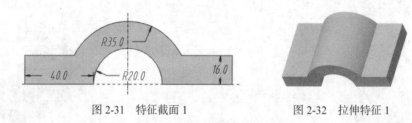

图 2-31 特征截面 1　　　　图 2-32 拉伸特征 1

2. 添加第二个拉伸特征

① 单击"拉伸"按钮，打开"拉伸"操控板，打开"放置"面板，单击"定义"按钮；接着选择第一个拉伸特征后方的平面为草绘平面，设置参考平面为 RIGHT 基准平面，方向为右。单击"草绘"按钮，进入草绘模式。

② 进入草绘模式后，绘制图 2-33 所示的特征截面。单击"确定"按钮✔，结束草绘。

③ 在"拉伸"操控板中，选择深度类型为 （对称），输入拉伸深度值 25。单击"确定"按钮✔，完成第二个拉伸特征的创建，结果如图 2-34 所示。

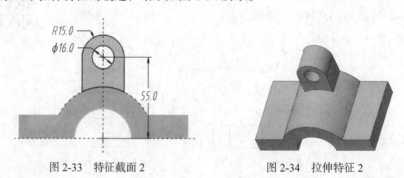

图 2-33 特征截面 2　　　　图 2-34 拉伸特征 2

3. 添加第三个拉伸特征

① 单击"拉伸"按钮，打开"拉伸"操控板，在该操控板上单击"移除材料"按钮，如图 2-35 所示。此时，操控板上有两个 按钮，前一个用于切换拉伸的方向，后一个用于切换移除材料的方向。

② 设置草绘平面为第一个拉伸特征的前方平面，参考平面为 RIGHT 基准平面，方向为右；进入草绘模式后，绘制图 2-36 所示的草绘开放线，结束草绘。

图 2-35　"拉伸"操控板

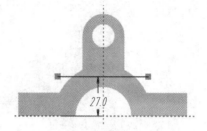

图 2-36　绘制草绘开放线

③ 在"拉伸"操控板上单击两个"改变方向"按钮 ⁄，使拉伸方向指向实体所在的一侧，移除材料的方向接受默认的指向草绘截面内部，如图 2-37 所示。将拉伸深度值设置为 30，结果如图 2-38 所示。

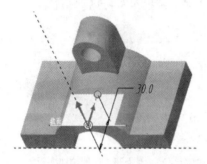

图 2-37　选择方向

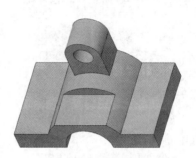

图 2-38　拉伸特征 3

4. 添加第四个拉伸特征

① 单击"拉伸"按钮 ，打开"拉伸"操控板，在该操控板上单击"移除材料"按钮 。设置草绘平面为第一个拉伸特征的前方平面，参考平面为 RIGHT 基准平面，方向为右。进入草绘模式后，绘制图 2-39 所示的截面，结束草绘。

② 在"拉伸"操控板上单击前一个"改变方向"按钮 ⁄，使拉伸方向指向实体所在的一侧，移除材料的方向接受默认的指向草绘截面内部。将拉伸深度值设置为 15，结果如图 2-40 所示。

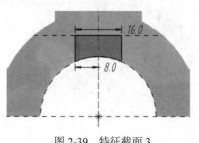

图 2-39　特征截面 3

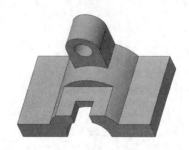

图 2-40　拉伸特征 4

5. 添加第五个拉伸特征

① 单击"拉伸"按钮 ，打开"拉伸"操控板，在该操控板上单击"移除材料"按钮 。设置草绘平面为图 2-41 中箭头所指的第一个拉伸特征的左侧平面。进入草绘模式，绘制图 2-42 所示的矩形截面。

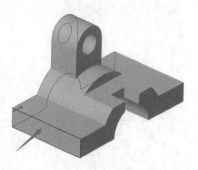

图 2-41　设置草绘平面

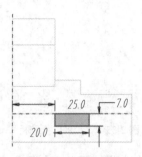

图 2-42　矩形截面

② 将拉伸的深度类型设置为 ![up-to-surface]（拉伸到指定的曲面），选择图 2-43 所示的箭头所指的曲面，移除材料的方向如图 2-43 所示。单击"确定"按钮![check]，结果如图 2-44 所示。

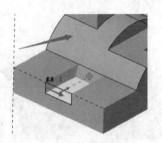

图 2-43　移除材料的方向

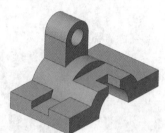

图 2-44　拉伸特征 5

6. 镜像特征

① 在图形区中选择上一步创建的拉伸特征，或者在模型树中选择"拉伸 5"，如图 2-45 所示。

② 单击"镜像"按钮![mirror]，打开"镜像"操控板。选择 RIGHT 基准平面为镜像平面，在操控板上单击"确定"按钮![check]，完成镜像操作，结果如图 2-46 所示。

图 2-45　在模型树中选择"拉伸 5"

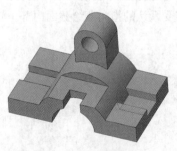

图 2-46　镜像结果

7. 创建孔特征

单击功能区中的"孔"按钮![hole]，弹出"孔"操控板，打开"放置"面板，单击需创建孔的上表面（图 2-47 中箭头所指），设置圆孔的直径为 10；激活"偏移参考"，选取 RIGHT 基准平面，设置偏移量为 48，按住"Ctrl"键选取 FRONT 基准平面，设置偏移量为 23，如图 2-47 所示。单击"确定"按钮![check]，结果如图 2-48 所示。

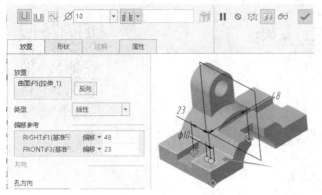

图 2-47　选择参考平面

图 2-48　孔特征

8. 阵列孔特征

① 在模型树中选择"孔 1"，如图 2-49 所示。

② 单击"阵列"按钮▦，弹出"阵列"操控板。选择"尺寸"阵列，如图 2-50 所示，"方向 1"为原定位孔所用的 48 的尺寸方向，增量为–96；"方向 2"为原定位孔所用的 23 的尺寸方向，增量为–46。在"阵列"操控板上单击"确定"按钮✔，完成阵列操作，结果如图 2-51 示。

图 2-49　在模型树中选择"孔 1"

图 2-50　"阵列"操控板

图 2-51　阵列结果

9. 倒圆角

单击功能区中的"倒圆角"按钮✎，打开"倒圆角"操控板，设置倒圆角值为 12，如图 2-52 所示。依次对 4 条侧边进行倒圆角操作，如图 2-53 所示。在该操控板上单击"确定"按钮✔，结果如图 2-54 所示。

图 2-52　设置倒圆角值

图 2-53　选择侧边

图 2-54　倒圆角结果

2.1.5　拉伸特征应用实例三：支架

支架操作视频

创建图 2-55 所示的支架的三维模型。

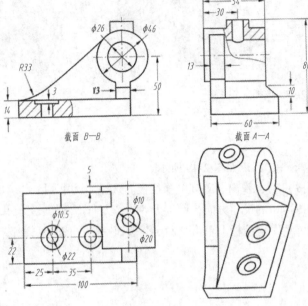

图 2-55　支架

1.　创建第一个拉伸特征

单击"拉伸"按钮 ，以 TOP 基准平面为草绘平面，进入草绘模式，绘制宽为 100、高为 60 的矩形框，如图 2-56 所示。在"拉伸"操控板中输入拉伸深度值 14，得到图 2-57 所示的拉伸特征，其在模型树中显示为"拉伸 1"。

图 2-56　绘制矩形框

图 2-57　拉伸特征

2.　创建孔特征

单击"孔"按钮 ，弹出图 2-58 所示的"孔"操控板，分别选择"创建简单孔" 、"使用标准孔轮廓作为钻孔轮廓" 和"添加沉孔" 选项。打开"放置"面板，选择图 2-57 所示的拉伸特征的上表面作为放置孔的基准平面。选择"类型"为"线性"，激活"偏移参考"，按住"Ctrl"键选择"拉伸 1"的前方平面和左侧平面，分别输入偏移值 22 和 25，如图 2-59 所示。再打开"形状"面板，设置沉孔的直径值为 22、深度值为 3，钻孔的直径值为 10.5；选择"穿透"选项 ，设置钻孔至与所有曲面相交，如图 2-60 所示。创建的孔特征如图 2-61 所示。

图 2-58 "孔"操控板

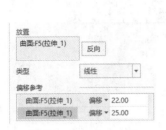

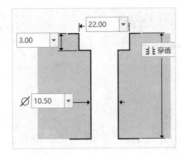

图 2-59 "放置"面板   图 2-60 "形状"面板   图 2-61 孔特征

3. 阵列孔特征

在模型树中选择"孔 1"，在功能区中单击"阵列"按钮▦，弹出图 2-62 所示的"阵列"操控板，选择"方向" 方▼并定义阵列成员，选择拉伸特征的左侧平面作为基准方向，输入阵列孔的数量 2 和阵列尺寸 35，方向向右。阵列结果如图 2-63 所示。

图 2-62 "阵列"操控板   图 2-63 阵列结果

4. 创建新的基准平面

在功能区中单击"创建基准平面"按钮▱，弹出"基准平面"对话框，以"拉伸 1"的后方平面为基准平面，向后平移 5，得到新的基准平面 DTM1，如图 2-64 所示。

5. 添加第二个拉伸特征

单击"拉伸"按钮◪，以基准平面 DTM1 作为草绘平面，绘制图 2-65 所示的两个同心圆（注意圆心到基准线的距离为 6.5），在"拉伸"操控板中输入拉伸深度值 54，结果如图 2-66 所示，其在模型树中显示为"拉伸 2"。

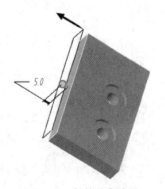

图 2-64 新的基准平面

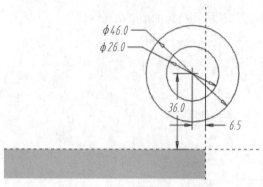

图 2-65　特征截面 1

图 2-66　拉伸结果 1

6.　创建新的基准平面

在功能区中单击"创建基准平面"按钮□，进入"基准平面"对话框，选择"拉伸 1"的底面为基准平面，向上平移 80，得到图 2-67 所示的新的基准平面 DTM2。

7.　添加第三个拉伸特征

单击"拉伸"按钮🖉，以 DTM2 为基准平面，绘制图 2-68 所示的特征截面，设置拉伸至选定的曲面🔟，选择"拉伸 2"圆柱的上半部分表面，得到图 2-69 所示的拉伸结果，其在模型树中显示为"拉伸 3"。

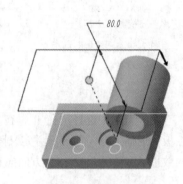

图 2-67　新的基准平面

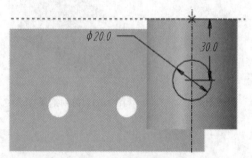

图 2-68　特征截面 2

图 2-69　拉伸结果 2

8.　创建孔特征

在功能区中单击"孔"按钮🗇，弹出"孔"操控板，打开"放置"面板，将基准轴显示开关🔏打开，如图 2-70 所示。按住"Ctrl"键选择"拉伸 3"的上表面和基准轴作为放置孔的基准面和基准点。在"孔"操控板中设置钻孔的直径为 10，设置钻孔至与选定的曲面相交🔟，选择"拉伸 2"圆孔内的上表面，创建的孔特征如图 2-71 所示。

9.　添加第四个拉伸特征

单击"拉伸"按钮🖉，以底板右侧平面为草绘平面，绘制图 2-72 所示的特征截面，设置拉伸深度为 13，得到图 2-73 所示的拉伸结果。

图 2-70 "孔"操控板

图 2-71 孔特征

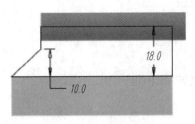

图 2-72 特征截面 3

图 2-73 拉伸结果 3

10. 添加第五个拉伸特征

单击"拉伸"按钮 🗔，以底板的后方平面为草绘平面，绘制图 2-74 所示的特征截面，设置拉伸深度为 13，拉伸方向为向前，得到图 2-75 所示的拉伸结果。

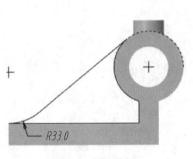

图 2-74 特征截面 4

图 2-75 拉伸结果 4

任务2.2 旋转特征

【任务学习】

旋转特征是将一个截面绕着一条旋转轴旋转一定角度而形成的形状，可以用来创建各种回转体。旋转特征的造型原理如图 2-76 和图 2-77 所示。

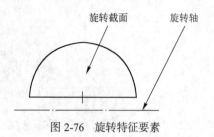

图 2-76　旋转特征要素

图 2-77　旋转结果

2.2.1　旋转特征创建的一般步骤与要点

1. 旋转特征创建的一般步骤

① 单击功能区中的"旋转"按钮 ，弹出"旋转"操控板，如图 2-78 所示。

图 2-78　"旋转"操控板

② 选择操控板中的"放置"选项，打开图 2-79 所示的"放置"面板，在该面板中单击"定义"按钮，弹出"草绘"对话框。在图形区选择 TOP 基准平面作为草绘平面，系统会自动选择 RIGHT 基准平面作为参考平面，方向为右，如图 2-80 所示。接受默认的设置，单击"草绘"按钮，系统进入草绘模式。

图 2-79　"放置"面板

图 2-80　"草绘"对话框

③ 在草绘模式中绘制图 2-81 所示的旋转截面，并绘制一条中心线作为旋转轴，完成后结束草绘。

④ 返回到零件模式。在"旋转"操控板中，默认的旋转角度为 360。接受默认设置，单击"确定"按钮 ，完成旋转特征的创建，结果如图 2-82 所示。

2. 旋转特征创建的要点

① 旋转特征一般要求绘制一条中心线作为旋转轴。
② 旋转特征的旋转截面一般要求封闭。
③ 旋转截面必须在旋转轴的同一侧。

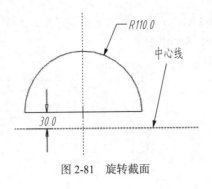

图 2-81　旋转截面

图 2-82　旋转结果

2.2.2　"旋转"操控板

旋转特征的各项定义参数都集中在图 2-78 所示的"旋转"操控板中。下面介绍该操控板中的主要选项的功能。

"放置"面板。"放置"面板如图 2-83 所示，该面板用来定义旋转截面并指定旋转轴。"定义"按钮用来定义旋转截面，"轴"选项用来指定旋转轴。

"选项"面板。"选项"面板如图 2-84 所示，"角度"选项组用来定义草绘平面的"侧 1"与"侧 2"的旋转类型与旋转角度。"封闭端"复选框适用于创建旋转曲面，可将旋转曲面的两端封闭。

"旋转类型"下拉列表框。在"旋转"操控板上单击下拉按钮，可打开"旋转类型"下拉列表框。其中是指从草绘平面开始以指定的角度值旋转，是指在草绘平面的两侧以对称的形式旋转指定的角度，是指从草绘平面开始旋转至选定的点、平面或曲面。

图 2-83　"放置"面板

图 2-84　"选项"面板

【任务实施】

2.2.3　旋转特征应用实例一：手柄

创建图 2-85 所示的手柄的三维模型。

1．新建文件

新建一个零件文件，将文件命名为"手柄.prt"。

2．创建旋转特征

① 单击"旋转"按钮，弹出图 2-86 所示的"旋转"操控板，打开"放置"面板，然后单

手柄操作视频

击"定义"按钮，弹出"草绘"对话框，选择 FRONT 基准平面为草绘平面，RIGHT 基准平面为参考平面，方向为右。单击"草绘"按钮，进入草绘模式。

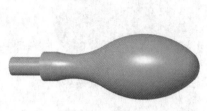

图 2-85　手柄

图 2-86　"旋转"操控板

② 在草绘模式中，绘制图 2-87 所示的特征截面，并绘制一条水平的中心线作为旋转轴，单击"确定"按钮 ✓，结束草绘。

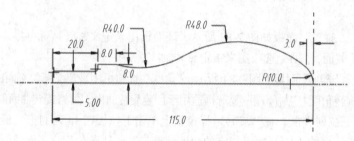

图 2-87　特征截面 1

③ 在"旋转"操控板上输入旋转角度 360°，单击"确定"按钮 ✓，完成特征的创建，结果如图 2-85 所示。

2.2.4　旋转特征应用实例二：凸模

创建图 2-88 所示的凸模的三维模型。

凸模操作视频

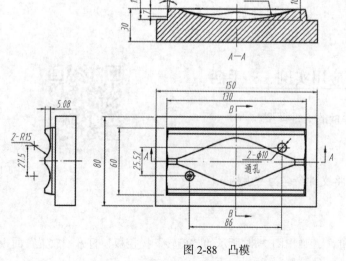

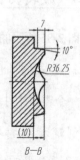

图 2-88　凸模

1. 创建第一个拉伸特征

单击"拉伸"按钮 ，选择 TOP 基准平面为草绘平面，RIGHT 基准平面为参考平面，绘制图 2-89 所示的特征截面，在"拉伸"操控板中输入拉伸深度值 20，方向向上。完成拉伸特征的创建，拉伸结果如图 2-90 所示。

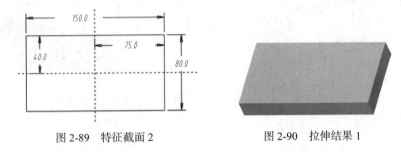

图 2-89　特征截面 2　　　　　　　　　图 2-90　拉伸结果 1

2. 创建第二个拉伸特征

单击"拉伸"按钮 ，选择底板上表面作为草绘平面，在草绘模式下选择"偏移"工具 ，弹出图 2-91 所示的"类型"对话框，点选"环"。选择底板的 4 条边，向四周偏移-10，得到图 2-92 所示的截面。在"拉伸"操控板中输入拉伸深度值 10。完成拉伸特征的创建，拉伸预览结果如图 2-93 所示。

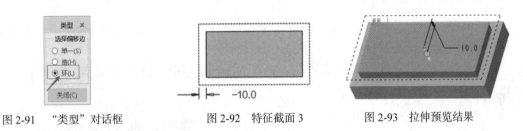

图 2-91　"类型"对话框　　　图 2-92　特征截面 3　　　图 2-93　拉伸预览结果

3. 创建一个拔模特征

① 单击"创建基准平面"按钮 ，以图 2-94 所示的最上方平面作为参考平面，向下偏移 7，得到新的基准平面 DTM1。

② 单击"拔模"按钮 ，打开图 2-95 所示的"拔模"操控板。

③ 打开"参照"面板，激活"拔模曲面"，选择图 2-96 所示的暗灰色部分的 4 个侧面；激活"拔模枢轴"，选择基准平面 DTM1。

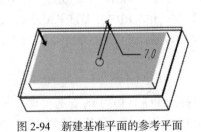

图 2-94　新建基准平面的参考平面

图 2-95　"拔模"操控板

④ 单击"拔模"操控板上的"分割"选项，在"分割"面板中选择"根据拔模枢轴分割"选项，如图 2-97 所示，设置上部分的倾斜角度为 10，下部分的倾斜角度为 0。如果方向不合适，可以单击图 2-97 所示的方向箭头进行调整。拔模结果如图 2-98 所示。

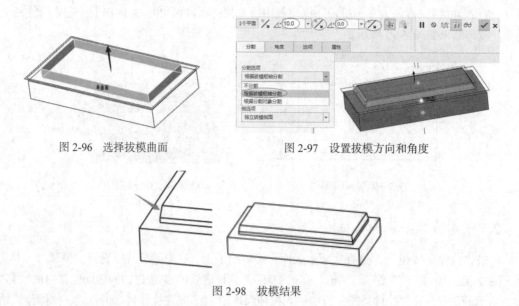

图 2-96　选择拔模曲面　　　　　　　　图 2-97　设置拔模方向和角度

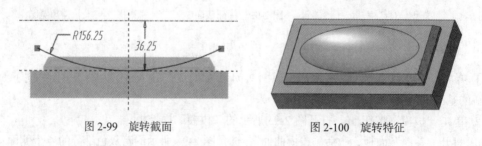

图 2-98　拔模结果

4. 创建旋转特征

① 单击"旋转"按钮，选择 FRONT 基准平面作为草绘平面，绘制图 2-99 所示的旋转截面和几何中心线。单击"确定"按钮，结束草绘。

② 在"旋转"操控板上输入旋转角度 360°，并单击"移除材料"按钮，创建的旋转特征如图 2-100 所示。

R156.25　　36.25

图 2-99　旋转截面　　　　　　　　图 2-100　旋转特征

5. 创建第三个拉伸特征

单击"拉伸"按钮，选择 RIGHT 基准平面作为草绘平面，绘制图 2-101 所示的特征截面。在"拉伸"操控板中输入拉伸深度值 130，单击"去除材料"按钮，并以 RIGHT 基准平面为参考平面，单击"平分长度"按钮，完成拉伸特征的创建，结果如图 2-102 所示，此特征在模型树中显示为"拉伸 3"。

6. 创建孔特征

在功能区中单击"孔"按钮，弹出"孔"操控板，如图 2-103 所示。打开"放置"面板，激活"放置"选项，选择模型的下底面为需创建孔的位置，再激活"偏移参考"，按住"Ctrl"键，选择 FRONT 基准平面和 RIGHT 基准平面，设置偏移值分别为 12.76 和 43。在"孔"操控板中设置钻孔的直径为 10，设置"钻孔至与所有曲面相交"，创建的孔特征如图 2-104 所示。

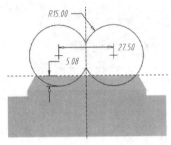

图 2-101　特征截面 4

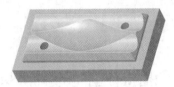

图 2-102　拉伸结果 2

图 2-103　"孔"操控板

图 2-104　孔特征

7. 阵列孔特征

单击功能区中的"创建基准轴"按钮，按住"Ctrl"键选择 RIGHT 基准平面和 FRONT 基准平面，得到阵列用的基准轴为 A_5。在模型树中选择"孔 1"，在功能区中单击"阵列"按钮，弹出"阵列"操控板，选择"轴"阵列方式，选择基准轴 A_5，输入阵列数目 2、阵列角度 180。阵列结果如图 2-105 所示。

图 2-105　阵列结果

任务 2.3　扫描特征

【任务学习】

扫描特征是将一个截面沿着指定的一条（或多条）轨迹从起点运动到终点而生成的形状，在扫描过程中，可以控制截面的方向和大小。扫描特征有两个元素要定义，一个是扫描轨迹，另一个是扫描截面。扫描轨迹是一条（或多条平行的）连续不间断的曲线，可以是封闭的，也可以是开放的。扫描截面既可以使用恒定截面，也可以使用可变截面。所谓的恒定截面是指在沿轨迹扫描的过程中，草绘图元的形状不变，仅截面所在框架的方向发生变化；可变截面则是指将草绘图元约束到其他轨迹（中心平面或现有图元）的截面（也可以使用由 trajpar 参数设置的截面通过关系式来使草绘截面可变）。

扫描特征的生成原理如图 2-106 所示。

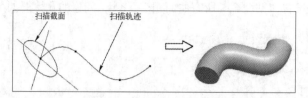

图 2-106　扫描特征的生成原理

2.3.1　扫描特征创建的一般步骤与要点

1．扫描特征创建的一般步骤

① 创建扫描轨迹。单击"草绘"按钮 ，打开"草绘"对话框，以 FRONT 基准平面作为草绘平面，绘制图 2-107 所示的曲线。

② 在功能区中单击"扫描"按钮 ，打开"扫描"操控板，在操控板上单击"实体"按钮 ，如图 2-108 所示。

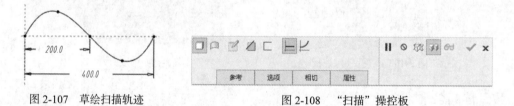

图 2-107　草绘扫描轨迹　　　　　　　　　图 2-108　"扫描"操控板

③ 选择扫描轨迹。在"扫描"操控板上打开"参考"面板，在图形区中选择扫描轨迹，结果如图 2-109 所示，箭头表示扫描的起点，可以单击箭头改变起点位置。

④ 草绘扫描截面。在"扫描"操控板上单击"草绘"按钮 ，系统进入草绘模式，绘制直径为 50 的圆作为扫描截面。

此时，在图形区中按住鼠标中键拖动，可以旋转视图。将视图旋转到合适的角度，如图 2-110所示，可以看到扫描截面与扫描轨迹的关系。系统用两条正交的黄色直线来确定扫描截面的草绘平面，该平面在扫描轨迹的起点处与扫描轨迹的切线垂直。单击"草绘视图"按钮 ，草绘平面将恢复到与屏幕平行的草绘状态。

⑤ 完成扫描截面的绘制后结束草绘，系统返回零件模式。在扫描特征的定义对话框中单击"确定"按钮，完成扫描特征的创建，结果如图 2-111 所示。

注意：上述的扫描截面也可设置为可变的，方法是建立关系式，通过关系式来控制截面在扫描过程中的形状变化。

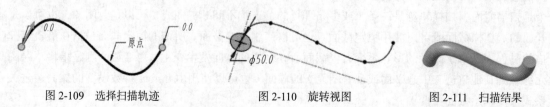

图 2-109　选择扫描轨迹　　　　　图 2-110　旋转视图　　　　　图 2-111　扫描结果

可变截面扫描特征的创建步骤如下。

① 返回前面创建完成的扫描截面的草绘界面，在草绘模式下单击功能区中的"工具"选项卡中的 d= 关系 工具，打开"关系"对话框。此时，圆的直径值用 sd4 来表示，如图 2-112 所示。

② 在"关系"对话框中输入关系式 sd4=50*（1+1*trajpar），如图 2-113 所示。其中，trajpar 是一个从 0 变化到 1 的参数。其数值在扫描的起点为 0、在扫描的终止点为 1，而在中间呈线性变化。由此关系式可知 sd4 的数值从 50 变化到 100，也就是说，扫描时，截面的直径值从起点的 50 变化到终点的 100。

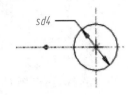

图 2-112　用 sd4 表示圆的直径

③ 在"关系"对话框中单击"确定"按钮，完成关系式的创建。

④ 结束草绘，完成截面的定义。

⑤ 完成可变截面扫描特征的创建。在"可变截面扫描"操控板上单击 ✓ 按钮（允许截面根据参数或扫描的关系进行变化），完成可变截面扫描特征的创建，结果如图 2-114 所示。

图 2-113　"关系"对话框

图 2-114　可变截面扫描结果

2. 扫描特征创建的要点

① 创建可变截面扫描特征之前，必须先绘制好用于扫描的轨迹，也可以选择实体棱边或曲面边界作为扫描轨迹。

② 扫描轨迹自身不能相交。

③ 要使扫描截面受扫描轨迹控制，必须对扫描截面与扫描轨迹建立约束关系。

④ 对于开放的轨迹线，轨迹线上的箭头表示扫描的起点，起点必须位于轨迹线的一端，而不能位于轨迹线的中间。要改变起点，可以直接单击箭头，箭头会转换到轨迹线的另一个端点处。

⑤ 相对于扫描截面，扫描轨迹中的弧或样条的半径不能太小，否则扫描截面在经过该处时会因自身相交而出现特征生成失败的情况。

2.3.2　"扫描"操控板

"扫描"操控板如图 2-115 所示。该操控板上有"参考""选项""相切"和"属性"4 个面板，下面介绍这 4 个面板的功能。

图 2-115　　"扫描"操控板

（1）"参考"面板

其用来选择扫描特征的轨迹以及设置截平面控制等。在"扫描"操控板中选择"参考"选项，打开"参考"面板。在选择轨迹之后，相关选项处于激活状态，用于对截面方向进行控制，如图 2-116 所示。

① "轨迹"收集器。选择将用作轨迹的曲线、实体棱边或曲面边界。在扫描特征中，有以下 4 种类型的轨迹。

◆　原点轨迹。原点轨迹是扫描特征必须有的轨迹。截面原点（十字叉）总是位于原点轨迹上。

◆　法向轨迹。勾选轨迹列表右侧的"N"复选框，该轨迹即为法向轨迹。扫描截面与法向轨迹垂直，默认原点轨迹为法向轨迹。

◆　X 轨迹。勾选轨迹列表右侧的"X"复选框，该轨迹即为 X 轨迹。草绘截面的 x 轴指向 X 轨迹。

图 2-116　　"参考"面板

◆　相切轨迹。如果轨迹中存在至少一条相切曲线，可在轨迹列表中勾选"T"复选框，该轨迹即为相切轨迹。

② 截平面控制。确定截面扫描时的定向方式，有垂直于轨迹、垂直于投影、恒定法向 3 种定向方式。

◆　垂直于轨迹。截面在整个扫描过程中都垂直于指定的轨迹。

◆　垂直于投影。截面沿投影方向与轨迹的投影垂直，截面的垂直方向与指定方向一致。选择该选项必须指定参考方向。

◆　恒定法向。截面恒定垂直于指定方向。

③ 水平/竖直控制。控制扫描过程中截面的水平（x 轴）或垂直（y 轴）方向。其控制方式有 3 种，分别是垂直于曲面、X 轨迹和自动。

◆　垂直于曲面。截面的垂直方向与曲面垂直。当原始轨迹中有相关的曲面时，此选项为默认的控制选项。使用这种控制方式时，单击"参考"面板右侧的"下一个"按钮，可以改变为另一个垂直曲面。

◆　X 轨迹。截面的 x 轴通过 X 轨迹和扫描截面的交点。

◆　自动。系统自动确定截面的水平方向。

（2）"选项"面板

其用来设定截面的类型以及草绘位置等。在"扫描"操控板中选择"选项"选项，弹出图 2-117 所示的"选项"面板。对该面板上各项的功能说明如下。

① 封闭端。此复选框用来设置可变截面扫描曲面的两端是否封闭。

② 合并端。在扫描端点处与已有实体合并成一体。

③ 草绘放置点。指定草绘截面在原点轨迹上的位置。草绘截面的位置不影响扫描特征的起始位置，若不选择"草绘放置点"，则系统默

图 2-117　　"选项"面板

认扫描起点为草绘截面位置。

（3）"相切"面板

可设置轨迹的相切来控制扫描特征在该轨迹处与相邻图元的连接关系。在"扫描"操控板中单击"相切"选项，弹出图 2-118 所示的"相切"面板，用于设置相切轨迹及其控制曲面。"参考"下拉列表框中的选项有：无、第 1 侧、第 2 侧和选取的。

① 无。禁用相切轨迹。

② 第 1 侧。扫描截面包含与轨迹第 1 侧曲面相切的中心线。

③ 第 2 侧。扫描截面包含与轨迹第 2 侧曲面相切的中心线。

④ 选取的。手动为扫描截面中的相切中心线指定曲面。

（4）"属性"面板

其用于查看和修改特征的名称。

注意事项如下。

① 原点轨迹必须为连续相切的。

② "水平/竖直控制"中设为 X 轨迹时，x 向量的轨迹不能与原点轨迹相交。

图 2-118　"相切"面板

③ 有多条轨迹控制截平面时，以最短的轨迹来计算长度，所以应该先选择最短的轨迹线。

④ 可以添加或删除原点轨迹上的截面控制点。

⑤ 以原点轨迹扫描不同的垂直于轨迹截面，无额外轨迹时，与扫描混合特征相似。

⑥ 以原点轨迹扫描相同的垂直于轨迹截面，无额外轨迹时，与扫描特征相似。

【任务实施】

2.3.3　扫描特征应用实例一：衣架

衣架操作视频

创建图 2-119 所示的衣架的三维模型。

① 创建草绘。在功能区"模型"选项卡的"基准"组中单击"草绘"命令，以 FRONT 基准平面为草绘平面，RIGHT 基准平面为参考平面，进入草绘模式，绘制图 2-120 所示的草绘曲线，箭头所指的地方应为一个断点，在该处用"分割"工具 分割 制作一个断点。

图 2-119　衣架

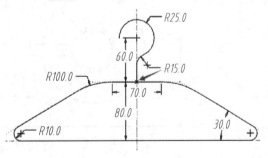

图 2-120　草绘曲线

② 创建扫描特征。在功能区的"模型"选项卡的"形状"组中单击"扫描"命令 ，打开"扫描"操控板，如图 2-115 所示。单击"实体"按钮 和"恒定截面扫描"按钮 ，打开"参考"面板，选择刚绘制的曲线作为扫描轨迹，并确保其起点为图 2-121 中的箭头所指处（小知识：在原点轨迹上会出现一个箭头，该箭头从轨迹的起点指向扫描将要跟随的路径。如果要更改箭头

的起点，那么单击该箭头可将轨迹起点更改为轨迹的另一个端点）。

③ 在"扫描"操控板中单击"创建或编辑扫描截面"按钮 ⬚，进入草绘模式。以默认的草绘放置点为中心绘制图 2-122 所示的扫描截面，结束草绘。

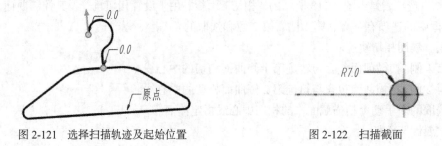

图 2-121　选择扫描轨迹及起始位置　　　　　图 2-122　扫描截面

④ 在"扫描"操控板中单击"确定"按钮 ✓，完成扫描特征的创建，结果如图 2-119 所示。

2.3.4　扫描特征应用实例二：玻璃壶

玻璃壶操作视频

创建图 2-123 所示的玻璃壶的三维模型。

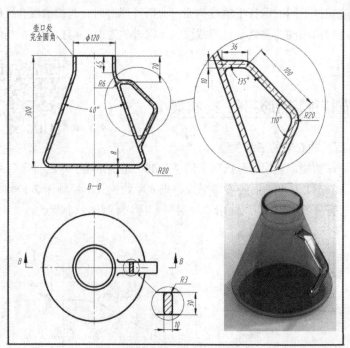

图 2-123　玻璃壶

① 创建旋转特征。以 FRONT 基准平面为草绘平面，RIGHT 基准平面为参考平面，进入草绘模式，绘制图 2-124 所示的特征截面，设置旋转角度值为 360，旋转结果如图 2-125 所示。

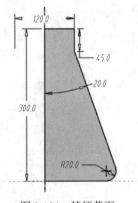

图 2-124　特征截面

图 2-125　旋转结果

② 创建壳特征。在功能区的"模型"选项卡的"工程"组中单击"壳"按钮 ■，弹出"壳"操控板，如图 2-126 所示。打开"参考"面板，选择模型的上表面为移除的曲面，设置壳的厚度值为 8，抽壳结果如图 2-127 所示。

图 2-126　"壳"操控板

图 2-127　抽壳结果

③ 创建扫描轨迹。在功能区的"模型"选项卡的"基准"组中单击"草绘"按钮，以 FRONT 基准平面为草绘平面，RIGHT 基准平面为参考平面，进入草绘模式，绘制图 2-128 所示的扫描轨迹。

④ 创建扫描特征。在功能区的"模型"选项卡的"形状"组中单击"扫描"按钮，打开"扫描"操控板，单击"实体"按钮 ■ 和"恒定截面扫描"按钮 ■。打开"参考"面板，选择刚绘制的轨迹作为扫描特征的原点轨迹，将其"截平面控制"选项默认为"垂直于轨迹"，"水平/竖直控制"选项为"自动"。确保轨迹的起点为图 2-129 中的箭头所指处。

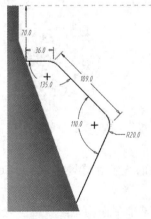

图 2-128　草绘扫描轨迹

图 2-129　草绘结果

⑤ 在"扫描"操控板中单击"创建或编辑扫描截面"按钮 ，进入草绘模式。以默认的草绘放置点为中心绘制图 2-130 所示的扫描截面。然后，打开"选项"面板，如图 2-117 所示，勾选"合并端"复选框。扫描结果如图 2-131 所示。

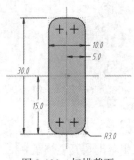

图 2-130　扫描截面

图 2-131　扫描结果

图 2-132　倒圆角结果 1

⑥ 创建倒圆角特征 1。在功能区的"模型"选项卡的"工程"组中单击"倒圆角"按钮 ，对图 2-132 中箭头所指的两条边线进行半径为 6 的倒圆角操作。

⑦ 创建倒圆角特征 2。单击"倒圆角"按钮 ，在弹出的"倒圆角"操控板中打开"集"面板，如图 2-133 所示。按住"Ctrl"键选择图 2-134 中箭头所指的两条边线，再在"集"面板中单击"完全倒圆角"按钮。这时，系统将自动计算出完全倒圆角的半径值为 6，倒圆角结果如图 2-135 所示。至此，完成了玻璃壶的创建，可按"Ctrl+D"组合键以默认的标准方向视角显示模型。

图 2-133　"集"面板

图 2-134　选择倒圆角的边线

图 2-135　倒圆角结果 2

2.3.5　扫描特征应用实例三：铁尖块

铁尖块操作视频

创建图 2-136 所示的铁尖块的三维模型。

① 创建草绘 1。在功能区的"模型"选项卡的"基准"组中单击"草绘"按钮，以 TOP 基准平面为草绘平面，绘制图 2-137 所示的曲线。

② 镜像得到草绘 2。以 FRONT 基准平面为基准平面，进行镜像操作，得到 TOP 基准平面上的另一条曲线，如图 2-138 所示。

③ 创建草绘 3。单击"草绘"按钮，以 FRONT 基准平面为草绘平面，绘制图 2-139 所示的曲线，得到草绘 3。按"Ctrl+D"组合键使 3 条草绘曲线呈现为立体视图，结果如图 2-140

所示。

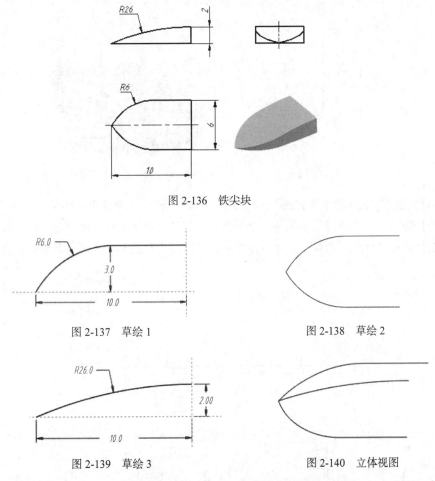

图 2-136　铁尖块

图 2-137　草绘 1

图 2-138　草绘 2

图 2-139　草绘 3

图 2-140　立体视图

④ 在"形状"组中单击"扫描"按钮 ⬬，打开"扫描"操控板，如图 2-141 所示。打开"参考"面板，选择中心的线段（即草绘 1）作为原点轨迹（注意：原点方向）。按住"Ctrl"键依次选择另外两条轨迹，如图 2-142 所示。此时"扫描"操控板中的"变截面扫描"按钮 ⍁ 自动被选中（注意：应该确保选中"变截面扫描"按钮）。

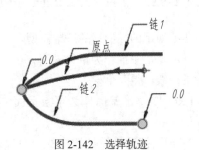

图 2-141　"扫描"操控板

图 2-142　选择轨迹

⑤ 在"扫描"操控板中单击"创建或编辑扫描截面"按钮 ，进入二维草绘模式，绘制图 2-143 所示的扫描截面（通过 3 条轨迹线的 3 个端点）。可变截面扫描特征如图 2-144 所示。

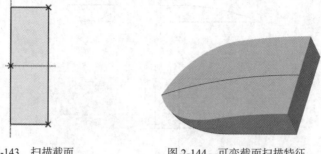

图 2-143　扫描截面　　　　　　　图 2-144　可变截面扫描特征

⑥ 对之前草绘的曲线进行隐藏操作，如图 2-145 所示，选择模型树中的三条曲线草绘名称，在弹出的快捷菜单中选取隐藏图标 ，然后选择"层树"显示方式，再单击右键，弹出层的编辑菜单，选择"保存状态"选项。将此文件保存，以后打开时就不会再显示出这些草绘曲线。

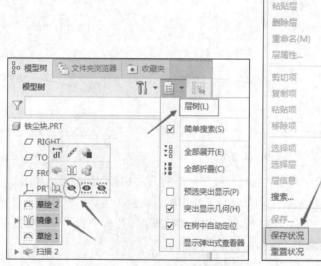

图 2-145　隐藏草绘曲线

2.3.6　扫描特征应用实例四：回形针

回形针操作视频

创建图 2-146 所示的回形针的三维模型。

① 选择 TOP 基准平面作为草绘平面，在功能区中单击"草绘"按钮 ，在草绘模式下绘制图 2-147 所示的曲线，得到草绘 1。

② 选择 FRONT 基准平面作为草绘平面，用同样的方法绘制图 2-148 所示的曲线，得到草绘 2。

③ 按住"Ctrl"键选择模型树中的"草绘 1"和"草绘 2"，在"编辑"组中单击"相交"

按钮 ⬚，使这两条曲线相交，生成图 2-149 所示的雏形轨迹（同时系统会自动将草绘 1 和草绘 2 隐藏）。

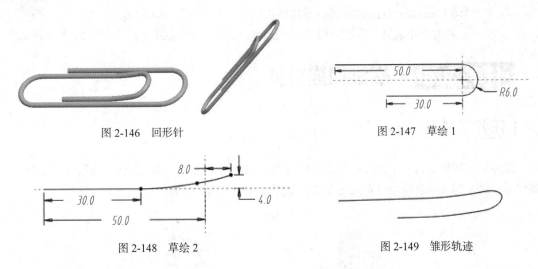

图 2-146　回形针　　　　　　　　　　　　　图 2-147　草绘 1

图 2-148　草绘 2　　　　　　　　　　　　　图 2-149　雏形轨迹

④ 选择 TOP 基准平面作为草绘平面，单击"草绘"按钮，绘制图 2-150 所示的截面，得到草绘 3。立体视图下显示的完整轨迹如图 2-151 所示。

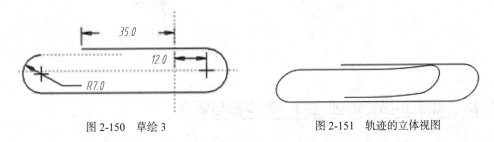

图 2-150　草绘 3　　　　　　　　　　图 2-151　轨迹的立体视图

⑤ 在"形状"组中单击"扫描"按钮 🖰，打开"扫描"操控板，默认状态下，"实体"按钮被选中。单击"参考"面板中的"细节"按钮，如图 2-152 所示。弹出"链"对话框，按住"Ctrl"键选择图 2-151 中的两条曲线，"链"对话框显示结果如图 2-153 所示，单击"确定"按钮。

图 2-152　"参考"面板

图 2-153　"链"对话框

⑥ 单击"创建或编辑扫描截面"按钮 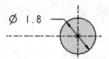，进入二维草绘模式，绘制图 2-154 所示的扫描截面。创建的回形针扫描特征如图 2-146 所示。

⑦ 对之前草绘的曲线进行隐藏操作，并选择"层树"显示方式，选择"保存状况"选项，将此文件保存，再次打开时就不会再显示出这些草绘曲线了。

图 2-154　扫描截面

<h1>任务 2.4　螺旋扫描特征</h1>

【任务学习】

螺旋扫描特征是将一个截面沿着螺旋轨迹进行扫描而形成的，多用于创建弹簧（图 2-155）、螺纹等形状。螺旋轨迹是通过转向轮廓线和节距（螺距）来定义的。

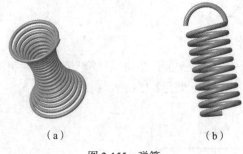

（a）　　　　　　（b）

图 2-155　弹簧

2.4.1　螺旋扫描特征创建的一般步骤与要点

1. 螺旋扫描特征创建的一般步骤

① 在功能区的"模型"选项卡的"形状"组中单击"扫描"右侧的下拉按钮 ▼，接着单击"螺旋扫描"命令 ⌇，如图 2-156 所示，弹出"螺旋扫描"操控板，如图 2-157 所示。

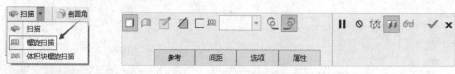

图 2-156　单击"螺旋扫描"命令　　　　图 2-157　"螺旋扫描"操控板

② 选择该操控板中的"参考"选项，打开图 2-158 所示"参考"面板，再单击"定义"按钮，弹出图 2-159 所示的"草绘"对话框。

③ 在图形区中选择 FRONT 基准平面作为草绘平面，系统会自动选择 RIGHT 基准平面作为参考平面，方向为右。接受默认的设置，单击"草绘"按钮，进入草绘模式。

④ 在草绘模式中，绘制图 2-160 所示的旋转轴和轨迹线（实际上是螺旋轨迹的转向轮廓线），然后结束草绘。

⑤ 在返回的"螺旋扫描"操控板上输入节距（螺距）值 20，并选择旋转方向，图 2-161 中

箭头所指为系统默认的右旋。

图 2-158　"参考"面板

图 2-159　"草绘"对话框

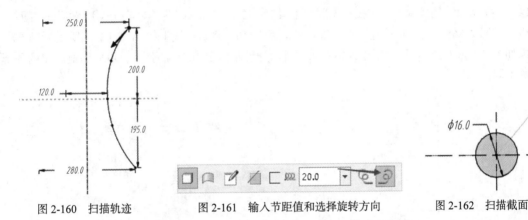

图 2-160　扫描轨迹　　　　图 2-161　输入节距值和选择旋转方向　　　　图 2-162　扫描截面

⑥ 单击"创建或编辑扫描截面"按钮 ，进入二维草绘模式，绘制图 2-162 所示的扫描截面，然后单击"确定"按钮 ，结束草绘。

创建的螺旋扫描特征如图 2-155（a）所示。

2．螺旋扫描特征创建的要点

① 螺旋扫描特征的螺旋轨迹的转向轮廓线必须是一条开放的曲线。

② 在绘制螺旋轨迹的转向轮廓线时，必须绘制一条中心线作为旋转轴。

③ 要素：扫描轨迹（旋转轴+轨迹线），节距值，扫描截面。

2.4.2　"螺旋扫描"操控板

"螺旋扫描"操控板如图 2-157 所示。可以在该操控板中选择 或 来选择螺旋定则。

右手定则：使用右手定则定义螺旋轨迹。

左手定则：使用左手定则定义螺旋轨迹。

该操控板上有"参考""间距""选项"和"属性"4 个面板，下面介绍这 4 个面板的功能。

① "参考"面板。其用来定义螺旋扫描特征的轨迹以及设置截面方向控制。在"扫描"操

控板中选择"参考"选项，打开"参考"面板，如图 2-163 所示。"定义"按钮用来定义螺旋扫描轨迹线和旋转轴。

穿过旋转轴。螺旋扫描截面在扫描过程中始终与旋转轴共面。

垂直于轨迹。螺旋扫描截面在扫描过程中始终与扫描轨迹线各点的切线垂直。

② "间距"面板。其用来定义螺旋扫描的螺距。螺距可以是恒定的，也可以是可变的，在创建可变螺距的螺旋扫描特征时，应沿着旋转轴在第一个和最后一个点之间定义间距点的位置，第一个间距点始终从螺旋扫描轨迹线的起点投影到旋转轴，最后一个间距点是从螺旋扫描轨迹线的末端点投影到旋转轴。用户可以使用参考

图 2-163　"参考"面板

（按参考）、比例（按比例）或实际尺寸（按值）从起点开始沿旋转轴设置间距点的位置，这些位置点及相应的螺距设置可以在"螺旋扫描"操控板的"间距"面板中进行操作。例如，把图 2-155（a）所示的弹簧的螺距由恒定更改为可变，那么，先在螺旋扫描轨迹线上设置一个几何点（返回草绘轨迹的界面，用 ✕点 工具在扫描轮廓线上设置一个几何点，如图 2-164 所示），然后在"间距"面板（见图 2-165）上分别设置起点、终点的间距为 10，将轨迹线上的几何点的间距设置为 50，结果如图 2-166（a）所示。而图 2-166（b）所示为螺距恒定为 25 的弹簧，可以明显看出两种弹簧的不同。

图 2-164　设置几何点　　　　　　　　图 2-165　"间距"面板

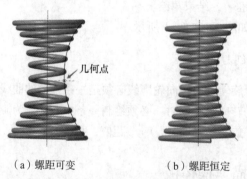

（a）螺距可变　　　　　　（b）螺距恒定

图 2-166　螺旋扫描的螺距类型

③ "选项"面板。其用来设定截面的类型。"选项"面板如图 2-167 所示。螺旋扫描截面可设置为常量，也可以设置为变量，设置为变量的方法是建立关系式，通过关系式来控制截面在螺旋扫描过程中的形状变化。

例如，把图 2-166（b）所示的弹簧的螺旋扫描截面由常量更改为变量，先返回草绘该截面的界面，在草绘模式下选择功能区中的"工具"选项卡中的 d=关系 按钮，打开"关系"对话框。此

时，圆的直径值用 sd2 来表示。在"关系"对话框中输入关系式 sd2=16*（1+1*trajpar）。由此关系式可知 sd2 的数值从 16 变化到 32，也就是说，扫描时，螺旋扫描截面的直径从起点的 16 变化到终点的 32，螺旋扫描结果如图 2-168 所示。

"封闭端"复选框用于设置扫描曲面的两端是否封闭。

图 2-167 "选项"面板　　　图 2-168 螺旋扫描截面为变量的螺旋扫描特征

④ "属性"面板。其用于查看和修改特征的名称。

【任务实施】

2.4.3 螺旋扫描特征应用实例：螺栓

螺栓操作视频

创建图 2-169 所示的螺栓的三维模型（螺栓为每年"CAD 技能等级"考试与相关大赛的常见零件）。

1. 以拉伸的方式创建六角螺栓头

单击"拉伸"按钮 ，打开"拉伸"操控板，选择"放置"选项，然后单击"定义"按钮，选择 TOP 基准平面为草绘平面，在草绘模式下，单击"草绘器选项板"按钮 ，弹出图 2-170 所示的"草绘器选项板"，选择"六边形"，双击"六边形"，然后单击图形区任意处以放置六边形。选择六边形的中心点，将其拖动到草绘模式的基准中心点处，并标注尺寸，如图 2-171 所示。

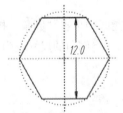

图 2-169 螺栓　　　图 2-170 "草绘器选项板"　　　图 2-171 草绘截面

在"拉伸"操控板中，输入拉伸深度值 5.5，方向向下，按"Ctrl+D"组合键使零件呈现为立体视图，按鼠标中键完成拉伸操作，结果如图 2-172 所示。

2. 以旋转的方式切削螺栓头

单击"旋转"按钮 ，选择 FRONT 基准平面为草绘平面，绘制旋转轴，并以拉伸特征的边线和端点为草绘的参考。绘制一条通过其端点的直线，其倾斜角度为 60°，如图 2-173 所示。在"旋转"操控板中，单击"旋转为实体"按钮 □ 与"移除材料"按钮 ⬚，单击"切换方向"按钮 ⤢ 使旋转特征朝外部并移除零件外部的材料，结果如图 2-174 所示，图中箭头所指为旋转特征。

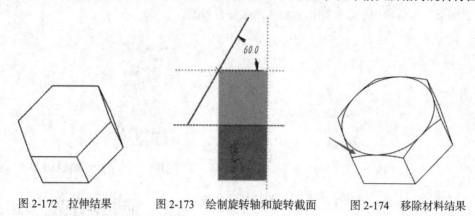

| 图 2-172 拉伸结果 | 图 2-173 绘制旋转轴和旋转截面 | 图 2-174 移除材料结果 |

3. 以拉伸的方式创建圆柱体

单击"拉伸"按钮 ⬚，打开"拉伸"操控板，选择"放置"选项，然后单击"定义"按钮，选择图 2-174 所示零件的底部平面作为草绘平面，绘制一个直径为 8 的圆，如图 2-175 所示。输入拉伸深度值 25，方向向下，创建的拉伸特征如图 2-176 所示。

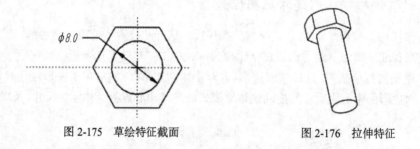

图 2-175 草绘特征截面   图 2-176 拉伸特征

4. 在圆柱体末端进行倒角操作

在功能区中单击"倒角"按钮 ⬚，选择圆柱底边，在"倒角"操控板中选择"D×D"，如图 2-177 所示。将倒角的尺寸设为 1，倒角结果如图 2-178 所示。

图 2-177 "倒角"操控板   图 2-178 倒角结果

5. 以螺旋扫描的方式创建螺纹

① 单击"螺旋扫描"命令 ⬚，弹出"螺旋扫描"操控板，打开"参考"面板，接着单击"螺

旋扫描轮廓"收集器右侧的"定义"按钮，弹出"草绘"对话框。选择 FRONT 基准平面作为草绘平面，绘制图 2-179 所示的旋转轴和轨迹线。

② 在"螺旋扫描"操控板上输入节距（螺距）值 2，单击"移除材料"按钮 ⟋ 并选择右手定则 ⟲ 。

③ 单击"创建或编辑扫描截面"按钮 ⧄ ，进入二维草绘模式，绘制图 2-180 所示的扫描截面。创建的螺旋扫描特征如图 2-181 所示。

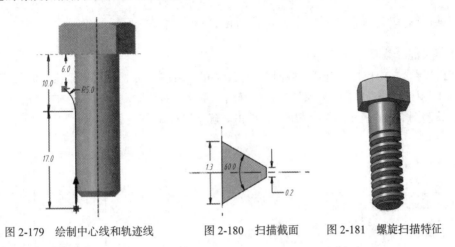

图 2-179 绘制中心线和轨迹线　　图 2-180 扫描截面　　图 2-181 螺旋扫描特征

任务 2.5　混合特征

【任务学习】

将一组截面沿各自的边线用过渡曲面连接起来形成的一个连续的特征，就是混合特征，如图 2-182 所示。一个混合特征至少需要两个截面。

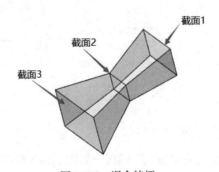

图 2-182 混合特征

2.5.1 混合特征创建的一般步骤与要点

1. 混合特征创建的一般步骤

下面以图 2-182 所示的混合特征为例，说明创建混合特征的一般步骤。

（1）单击"混合"命令

在功能区的"模型"选项卡的"形状"组中单击"形状"右侧的下拉按钮 ，单击"混合"命令 ，如图 2-183 所示，弹出"混合"操控板，如图 2-184 所示。

图 2-183　单击"混合"命令　　　　　　　　图 2-184　"混合"操控板

（2）定义混合截面

① 在"混合"操控板上打开"截面"面板，如图 2-185 所示。选择"草绘截面"，下方会显示"截面 1　未定义"，单击"定义"按钮，弹出"草绘"对话框，选择 FRONT 基准平面作为草绘平面，绘制图 2-186 所示的混合截面 1，单击"确定"按钮 。

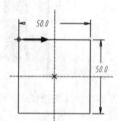

图 2-185　"截面"面板 1　　　　　　　　　图 2-186　混合截面 1

② 返回"混合"操控板，打开"截面"面板，如图 2-187 所示。单击"插入"按钮，会显示"截面 2　未定义"，输入截面 2 到截面 1 的偏移量 70，单击"草绘"按钮，进入草绘模式，绘制混合截面 2，注意应设置箭头的位置和方向跟截面 1 的一致（可先单击鼠标左键选择起点，再单击鼠标右键，从弹出的快捷菜单中选择"起点"），如图 2-188 所示，单击"确定"按钮 。

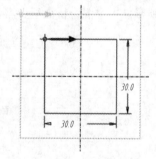

图 2-187　"截面"面板 2　　　　　　　　　图 2-188　混合截面 2

③ 返回"混合"操控板，打开"截面"面板，如图 2-189 所示。单击"插入"按钮，会显示"截面 3　未定义"，输入截面 3 到截面 2 的偏移量 70，单击"草绘"按钮，进入草绘模式，绘制混合截面 3，注意应设置箭头的位置和方向跟截面 1 的一致，如图 2-190 所示，单击"确定"按钮 。

（3）设置混合选项

返回"混合"操控板，打开"选项"面板，如图 2-191 所示。选择"混合曲面"为"直"，结果如图 2-192 所示；如果选择"平滑"，则会变成图 2-193 所示的结果。

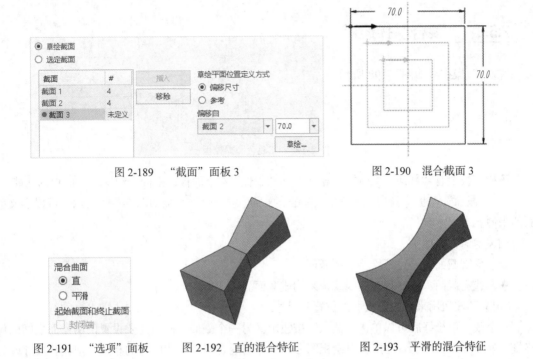

图 2-189 "截面"面板 3   图 2-190 混合截面 3

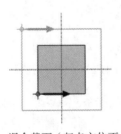

图 2-191 "选项"面板   图 2-192 直的混合特征   图 2-193 平滑的混合特征

2. 混合特征创建的要点

① 混合特征各个截面的起点要求方位一致。当各个混合截面的起点方位不一致时,如图 2-194 所示,会产生图 2-195 所示的扭曲形状。要改变起点,可以选择截面的另一个顶点,再单击鼠标右键,在弹出的快捷菜单中选择"起点"。

② 混合特征各个截面的图元数(或顶点数)必须相同(当截面为一个单独的点时,不受此限制)。如当一个四边形截面与一个圆形截面混合时,要将圆分割成 4 段,如图 2-196 所示,混合结果如图 2-197 所示。

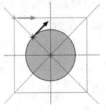

图 2-194 混合截面(起点方位不一致)   图 2-195 混合结果(起点方位不一致)

图 2-196 混合截面   图 2-197 混合结果

2.5.2　"混合"操控板

"混合"操控板如图 2-198 所示。

图 2-198　"混合"操控板

该操控板上有"截面""选项""相切"和"属性"4 个面板，下面介绍这 4 个面板的功能。

① "截面"面板。其用来定义混合特征的截面。"截面"面板如图 2-199 所示，可以定义截面的来源。

相关术语含义如下。

◆ 草绘截面：通过草绘器绘制截面。

◆ 选定截面：选择现有曲线或边来构成截面。

"定义"按钮用来定义各截面的位置和尺寸。

一个截面草绘好后可以单击"插入"按钮定义另一个截面。同时还要设置两两截面之间的偏移量，如图 2-200 所示。注意：草绘视图方向刚好与混合特征生成的方向相反。把偏移尺寸改为负值，可以切换混合特征生成的方向。

图 2-199　"截面"面板 1

图 2-200　"截面"面板 2

② "选项"面板。其用来定义混合曲面之间的连接关系。"选项"面板如图 2-191 所示。

相关术语含义如下。

◆ 直。用直线段连接各截面的顶点，截面的边用平面连接。

◆ 平滑。用光滑曲线连接各截面的顶点，截面的边用样条曲面来光滑连接。

如果混合特征是曲面，还可以设置开始截面和终止截面是否为"封闭端"。

③ "相切"面板：其用来为混合特征的"开始截面"和"终止截面"设置其与相连图元的连接关系。连接关系（条件）可以为"自由""相切"或"垂直"，如图 2-201 所示。

④ "属性"面板：其用于查看和修改特征的名称。

图 2-201　"相切"面板

【任务实施】

2.5.3 混合特征应用实例一：扭曲模型

创建图 2-202 所示尺寸的扭曲模型。

扭曲模型操作视频

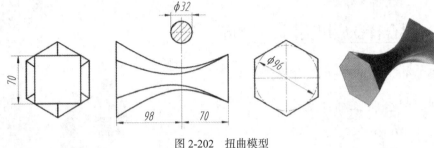

图 2-202 扭曲模型

（1）单击"混合"命令

在功能区的"模型"选项卡的"形状"组中单击"形状"右侧的下拉按钮 ▼，单击"混合"命令 ，弹出"混合"操控板。

（2）设置混合选项

在"混合"操控板的"选项"面板中选择"平滑"。

（3）定义混合截面

① 在"混合"操控板上打开"截面"面板，如图 2-185 所示，选择"草绘截面"，将显示"截面 1 未定义"，单击"定义"按钮，弹出"草绘"对话框，选择 RIGHT 基准平面作为草绘平面、TOP 基准平面为参考平面，方向向左。在草绘模式下绘制图 2-203 所示的第一个混合截面（正六边形）（直接在"草绘器选项板"里面选择"六边形"）。

② 返回"混合"操控板，插入截面 2，输入偏移距离 98，然后单击"草绘"按钮，绘制第二个混合截面（直径为 32 的圆），并根据第一个截面（六边形）的段数，在每个对应的分割点处使用"分割"工具 将该圆打断成 6 段，并设置起点位置和方向跟截面 1 的一致，如图 2-204 所示。

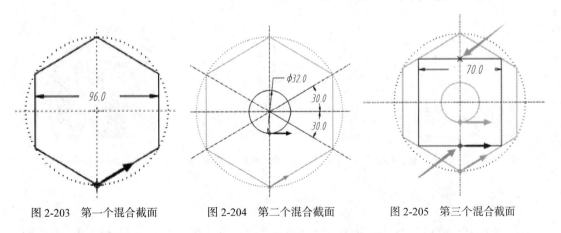

图 2-203 第一个混合截面 　　图 2-204 第二个混合截面 　　图 2-205 第三个混合截面

③ 按同样的方法插入截面 3，输入偏移距离 70，单击"草绘"按钮，绘制图 2-205 所示的第

三个混合截面（边长为 70 的正方形），并使用"分割"工具 添加两个分割点，如图 2-205 中的两个箭头所指，即共 6 段。（注意：所有图形必须等分，且方向一致。）结束草绘，完成混合截面的定义。

（4）完成创建

在"混合"操控板中单击"确定"按钮 ，完成混合特征的创建，结果为图 2-202 中的立体图。

油桶操作视频

2.5.4　混合特征应用实例二：油桶

创建图 2-206 所示的油桶的三维模型。

1.　创建混合特征桶身主体

（1）单击"混合"命令

在功能区的"模型"选项卡的"形状"组中单击"形状"右侧的下拉按钮 ，单击"混合"命令 ，弹出"混合"操控板。

图 2-206　油桶

（2）定义混合截面

① 在操控板上打开"截面"面板，如图 2-185 所示，选择"草绘截面"，先定义第一个混合截面，选择 TOP 基准平面作为草绘平面，绘制图 2-207 所示的第一个混合截面。

② 返回"混合"操控板，插入截面 2，输入偏移距离 300，然后绘制第二个混合截面，与第一个混合截面完全重合。

③ 返回"混合"操控板，插入截面 3，输入偏移距离 90，然后绘制第三个混合截面，结果为图 2-208 所示直径为 110 的圆，并根据第一、二个混合截面（四边形）的段数，在每个对应的分割点处使用"分割"工具 将该圆打断成 4 段，并设置起点位置和方向跟截面 1 的一致。结束草绘，完成混合截面的定义。

（3）设置混合选项

在"混合"操控板的"选项"面板中选择"直"。

完成混合特征的创建，结果如图 2-209 所示。

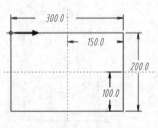

图 2-207　第一、二个混合截面

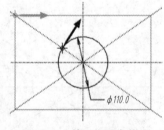

图 2-208　第三个混合截面

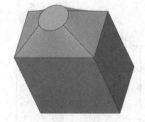

图 2-209　混合特征

2.　创建倒圆角特征

① 使用"倒圆角"工具 ，分别对混合特征的竖直方向上的各条侧边进行倒圆角操作，设置

圆角半径为 30，结果如图 2-210 所示。

② 使用"倒圆角"工具，分别对混合特征的中间水平方向上的各条边进行倒圆角操作，设置圆角半径为 20，结果如图 2-211 所示。

图 2-210 倒圆角结果 1　　　　图 2-211 倒圆角结果 2

3. 创建扫描特征瓶底

① 单击"扫描"按钮，打开"扫描"操控板，单击"参考"面板中的"细节"按钮，弹出"链"对话框，按住"Ctrl"键，同时选择图 2-212 所示的混合特征底面的边界线作为扫描轨迹。

② 返回"扫描"操控板，单击"创建或编辑扫描截面"按钮，进入二维草绘模式，绘制图 2-213 所示的扫描截面。完成的扫描特征如图 2-214 所示。

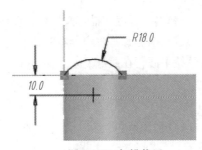

图 2-212 扫描轨迹　　　图 2-213 扫描截面　　　图 2-214 扫描特征

4. 创建倒圆角 3

单击"倒圆角"按钮，设置圆角半径为 10，在图形区中选择扫描特征与混合特征相交处的边线，对其进行倒圆角操作，结果如图 2-215 所示。

5. 创建拉伸实体

单击"拉伸"命令，选择图 2-209 所示混合特征的上表面为草绘平面，绘制图 2-216 所示的拉伸截面，设置拉伸深度为 60，拉伸结果如图 2-217 所示。

图 2-215　倒圆角结果 3

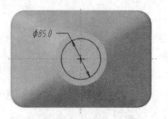

图 2-216　拉伸截面

6. 抽壳

单击"壳"命令 ，弹出"壳"操控板，设置抽壳厚度为 3，在图形区选择上表面作为移除曲面，抽壳结果如图 2-218 所示。

图 2-217　拉伸结果

图 2-218　抽壳结果

7. 创建螺旋扫描特征的螺纹

① 单击"螺旋扫描"命令 ，弹出"螺旋扫描"操控板，在该操控板上选择"参考"选项，打开"参考"面板，接着单击"螺旋扫描轮廓"收集器右侧的"定义"按钮，弹出"草绘"对话框。选择 FRONT 基准平面作为草绘平面，在瓶身上方（即瓶嘴处）绘制图 2-219 所示的旋转轴线和轨迹线。

② 在"螺旋扫描"操控板上输入节距（螺距）值 10。

③ 在操控板上单击"创建或编辑扫描截面"按钮 ，进入二维草绘模式，绘制图 2-220 所示的扫描截面。

瓶嘴处具有螺旋扫描特征的螺纹，如图 2-221 所示。

至此，整个油桶模型创建完毕，其立体视图如图 2-206 所示。

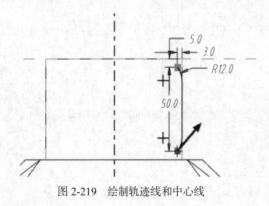

图 2-219　绘制轨迹线和中心线

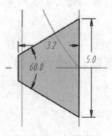

图 2-220　扫描截面

图 2-221　螺旋扫描结果

2.5.5　混合特征应用实例三：多棱角模型

创建图 2-222 所示的多棱角模型。

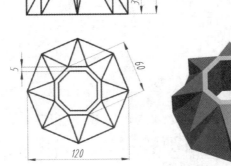

图 2-222　多棱角模型

1. 创建混合特征

（1）单击"混合"命令

在功能区的"模型"选项卡的"形状"组中单击"形状"右侧的下拉按钮 ▼，单击"混合"命令 ◢，弹出"混合"操控板。

（2）定义混合截面

① 在"混合"操控板上打开"截面"面板，如图 2-185 所示，选择"草绘截面"，先草绘第一个混合截面，选择 TOP 基准平面作为草绘平面，绘制图 2-223 所示的截面，可以在"草绘器选项板"里面选择"八边形"，注意几何中心要在原点上。

② 返回"混合"操控板，插入截面 2，输入偏移距离 55，然后草绘第二个混合截面，结果为图 2-224 中的直径为 60 的圆，并根据第一个混合截面（八边形）的边数，在每个对应的分割点处使用"分割"工具 ⌁ 将该圆打断成 8 段，并设置起点位置和方向跟第一个混合截面的一致。结束草绘，完成混合截面的定义。

（3）设置混合选项

在"混合"操控板的"选项"面板中选择"直"。

创建的混合特征如图 2-225 所示。

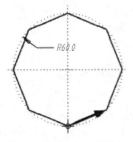

图 2-223　第一个混合截面

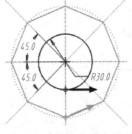

图 2-224　第二个混合截面

图 2-225　混合特征

2. 创建侧边的拉伸特征

① 单击"拉伸"命令，以图 2-225 所示模型的底部作为草绘平面，绘制图 2-226 所示的草绘截面，注意图中箭头所指两个点为该段圆弧的中心。设置向上拉伸，拉伸深度为 55，得到图 2-227 所示的拉伸特征。

② 单击"拉伸"命令，以 RIGHT 基准平面作为草绘平面，绘制图 2-228 所示的草绘截面。在"拉伸"操控板上设置"侧 1"和"侧 2"均为"穿透"，并单击"移除材料"按钮，如图 2-229 所示，对模型进行切除，得到图 2-230 所示的模型。

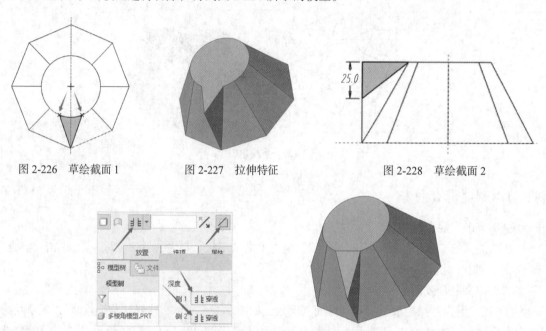

图 2-226　草绘截面 1　　　　　图 2-227　拉伸特征　　　　　图 2-228　草绘截面 2

图 2-229　设置"拉伸"操控板　　　　图 2-230　移除材料结果

3. 阵列特征

① 选择模型树中的"拉伸 1"和"拉伸 2"，单击鼠标右键，选择"分组"，如图 2-231 所示。分组操作结果如图 2-232 所示。

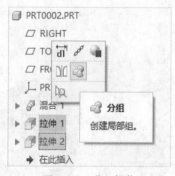
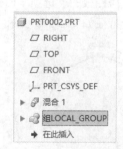

图 2-231　分组操作　　　　　　　图 2-232　分组操作结果

② 单击"阵列"命令，弹出"阵列"操控板，选择"轴"为阵列方式。并在功能区的"模

型"选项卡"基准"组中选择创建轴的工具 ╱轴，按住"Ctrl"键选择 FRONT 基准平面和 RIGHT 基准平面，得到一个中心轴，然后返回"阵列"操控板。系统自动将此轴作为阵列基准轴，如图 2-233 所示。接着在"阵列"操控板上输入阵列数目 8 和阵列角度 45，得到图 2-234 所示的阵列结果。

图 2-233　设置"阵列"操控板

图 2-234　阵列结果

4. 创建中心孔的拉伸特征

① 单击"拉伸"命令 ，以图 2-234 所示模型的上表面作为草绘平面，在草绘模式下选择"偏移"工具 ，弹出图 2-235 所示的"类型"对话框，选择"环"类型。然后单击模型上表面的中心区域，出现图 2-236 所示的箭头和偏移量输入文本框，输入偏移量–5，得到图 2-237 所示的偏移结果。

② 返回"拉伸"操控板，设置"拉伸类型"为"贯穿" ，并且单击"移除材料"按钮 ，拉伸结果如图 2-238 所示。

图 2-235　"类型"对话框

图 2-236　输入偏移量

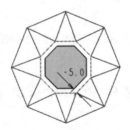

图 2-237　偏移结果

图 2-238　拉伸结果

任务 2.6　扫描混合特征

【任务学习】

扫描混合特征是指经多个截面沿着一条轨迹线扫描的同时，在两两截面之间混合产生出实体或曲面的特征。这类特征同时具有扫描与混合的特点，综合了扫描特征和混合特征两者的功能，可以用扫描轨迹和一组截面来控制其形状，如图 2-239 所示。

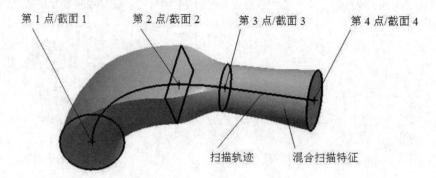

第 1 点/截面 1　　第 2 点/截面 2　　第 3 点/截面 3　　第 4 点/截面 4

扫描轨迹　　混合扫描特征

图 2-239　扫描混合特征

2.6.1　扫描混合特征创建的一般步骤与要点

1. 扫描混合特征创建的一般步骤

（1）创建扫描混合曲线

单击"草绘"命令 ，打开"草绘"对话框，以 FRONT 基准平面作为草绘平面，在草绘模式下绘制图 2-240 所示的曲线，再使用"几何点"工具 × 添加一个几何点到该曲线的最上方，即图 2-240 中箭头所指处。草绘结果的立体视图如图 2-241 所示。

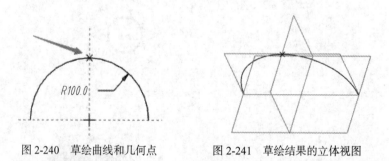

图 2-240　草绘曲线和几何点　　　　图 2-241　草绘结果的立体视图

（2）单击"扫描混合"命令

单击"扫描混合"命令 ，打开"扫描混合"操控板，在该操控板上单击"实体"按钮 ，如图 2-242 所示。

图 2-242　"扫描混合"操控板

（3）选择扫描轨迹

在"扫描混合"操控板上打开"参考"面板，在图形区中选择扫描轨迹，结果如图 2-243 所示。其中有箭头的一端为扫描混合的起点，可以通过单击该箭头来改变起点位置。

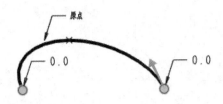

图 2-243　选择扫描轨迹

（4）定义扫描混合截面

① 在"扫描混合"操控板上打开"截面"面板，如图 2-244 所示，选择"草绘截面"，将显示"截面 1"为"未定义"，"截面位置"处自动选择了"开始"，即以扫描轨迹的起点作为草绘截面的位置。单击"草绘"按钮，进入草绘模式，绘制图 2-245 所示的混合截面。

图 2-244　"截面"面板 1

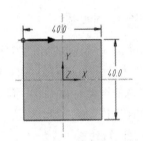

图 2-245　混合截面 1

② 返回"截面"面板，如图 2-246 所示，单击"插入"按钮，将显示"截面 2"为"未定义"，在图形区中选择扫描轨迹中间的几何点，此时在"截面位置"处显示"PNT0：F5（草绘_1）"。单击"草绘"按钮，进入草绘模式，绘制第二个混合截面，结果为图 2-247 所示的直径为 20 的圆，并根据第一个混合截面（四边形）的段数，在每个对应的点处使用"分割"工具，将该圆打断成 4 段，并设置起点位置和方向跟第一个混合截面的一致（可先单击鼠标左键选择起点，再单击鼠标右键，选择"起点"）。

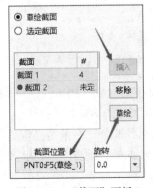

图 2-246　"截面"面板 2

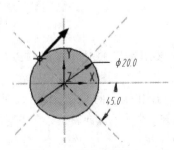

图 2-247　混合截面 2

③ 返回"混合"操控板，打开"截面"面板，如图 2-248 所示，单击"插入"按钮，将显示

"截面 3" 为 "未定义"，单击 "草绘" 按钮，进入草绘模式，绘制第三个混合截面，如图 2-249 所示。注意应设置箭头的位置和方向跟第一个混合截面的一致。

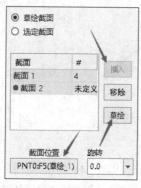

图 2-248　"截面" 面板 3

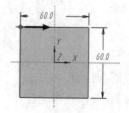

图 2-249　混合截面 3

④ 完成扫描混合特征的创建。在 "扫描混合" 操控板上单击 "确定" 按钮 ✔，结果如图 2-250 所示。

2. 扫描混合操作要点

① 在创建扫描混合特征前必须先定义作为扫描轨迹的曲线，也可以选择已有实体的边或曲面边界作为扫描轨迹。

② 扫描混合特征至少要有两个截面。对于闭合的扫描轨迹，其中一个截面必须在扫描轨迹的起点处，另一个截面可以在扫描轨迹上除起点以外的任意位置。

图 2-250　扫描混合结果

③ 所有截面都必须包含相同的图元数或顶点数。当某一截面的顶点数少于其他截面时，需要用分割的方式增加该截面的顶点数，其操作方法同混合特征中的相同。

2.6.2　"扫描混合" 操控板

"扫描混合" 操控板如图 2-251 所示，其中选项较多，主要包括 "参考" "截面" "相切" "选项" "属性" 5 个选项，它们的主要功能如下。

图 2-251　"扫描混合" 操控板

① 参考。主要用来选择扫描混合轨迹以及设置截面控制。在 "扫描混合" 操控板中选择 "参考" 选项，弹出 "参考" 面板，选择轨迹后，"参考" 面板如图 2-252 所示。

"轨迹" 收集器用来选择扫描混合轨迹，最多可以选择两条。一条为必需的原点轨迹，一条为可选的次要轨迹。N 表示法向轨迹，扫描混合截面与法向轨迹垂直。X 表示 X 轨迹，扫描混合截面的 x 轴指向 X 轨迹。

"截平面控制" 用于指定扫描时截面的定向方式。其下拉列表框中有 3 个选项，分别是 "垂直于轨迹" "垂直于投影" 和 "恒定法向"。

◆　垂直于轨迹。截面在整个扫描过程中都垂直于指定的轨迹。

◆　垂直于投影。截面沿投影方向与轨迹的投影垂直，截面的垂直方向与指定的方向一致。当选择该项时，在"垂直于投影"下方会出现激活的"方向参考"收集器，以便选择参考来定义投影方向。

◆　恒定法向。截面恒定垂直于指定方向。当选择该项时，在"恒定法向"下方也会出现激活的"方向参考"收集器，以便选择参考来定义截面的法向。

"水平/竖直控制"用来控制扫描混合过程中截面的水平（x 轴）或垂直（y 轴）方向。

"起点的 X 方向参考"用来指定轨迹起始处的 x 轴方向。该项仅在"水平/竖直控制"设置为"自动"时显示。

② 截面。主要用来定义扫描混合的截面。在"扫描混合"操控板中选择"截面"选项，弹出图 2-253 所示的"截面"面板。

◆　草绘截面。通过草绘来定义扫描混合截面。

◆　选定截面。选择现有曲线链或边线链来定义扫描混合截面。

◆　插入。在绘制第一个截面后，该按钮被激活，用于添加截面。单击该按钮，在"截面"列表中新增一行，同时"截面位置"处于激活状态。

◆　移除。单击该按钮，可删除活动截面。

◆　草绘。单击该按钮，进入草绘模式，可对活动截面进行绘制或编辑。

◆　截面位置。选择轨迹的端点、顶点或基准点来确定插入截面的位置。

◆　旋转。将截面的草绘平面旋转一定角度，旋转角度在–120°到+120°之间。

◆　截面 X 轴方向。设置活动截面的水平方向。该项仅在"参考"面板的"水平/竖直控制"设置为"自动"时显示。

图 2-252　"参考"面板

图 2-253　"截面"面板

③ 相切。用来为"开始截面"和"终止截面"设置其与相连图元的连接关系。连接关系（条件）可以为"自由""相切"或"垂直"。在"扫描混合"操控板中选择"相切"选项，弹出图 2-254 所示的"相切"面板。

④ 选项。用来启用特定设置选项。在"扫描混合"操控板中选择"选项"选项，弹出图 2-255 所示的"选项"面板，对各选项的功能说明如下。

◆　封闭端。此复选框仅适用于创建扫描混合曲面，用来设置扫描混合曲面的两端是否封闭。

◆　无混合控制。不对扫描混合进行控制。

◆　设置周长控制。定义的扫描混合截面之间的周长呈线性变化。

◆ 设置横截面面积控制。控制指定位置的截面面积。选择该选项，将新增指定截面位置和面积列表，在扫描轨迹上确定控制截面面积的截面位置后，在列表的"面积"列中输入面积值即可。

◆ 调整以保持相切。选中后，如果原点轨迹几乎相切，或者相切但非曲率连续，则调整混合以创建相切曲面。

图 2-254 "相切"面板

图 2-255 "选项"面板

⑤ 属性。用来查看和修改特征的名称。

2.6.3 创建扫描混合特征应注意的事项

① 创建扫描混合特征之前先用草绘工具绘制出扫描轨迹。
② 选择扫描轨迹上不同点进行截面绘制时，需缓慢移动鼠标指针来进行点的选择。
③ 可以创建临时的基准点作为扫描轨迹上的点。
④ 如需切换扫描的起点，只需单击起点处的黄色箭头即可将起点切换到轨迹的另一个端点上。
⑤ 各截面的节点数要相同，而且起点要合理对应。

【任务实施】

2.6.4 扫描混合特征应用实例一：衣帽钩

衣帽钩操作视频

创建一个简易衣帽钩模型，其尺寸如图 2-256 所示。

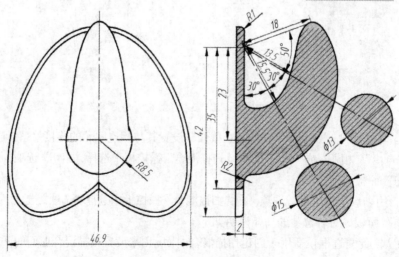

图 2-256 衣帽钩

1. 衣帽钩的底板制作

单击"拉伸"命令 ⬚，选择 FRONT 基准平面作为草绘平面，在草绘模式下绘制图 2-257 所示的草绘曲线，设置拉伸深度为 2，底板部分完成，结果如图 2-258 所示。

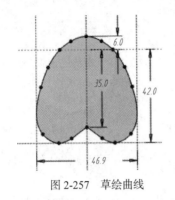

图 2-257 草绘曲线

图 2-258 拉伸特征

2. 衣帽钩的钩子制作

① 单击"草绘"命令 ⬚，选择 FRONT 基准平面为草绘平面，绘制图 2-259 所示的 4 个几何点和 4 条基准线，并定好尺寸。然后将这 4 条线转换成构造线（选择线段，弹出图 2-260 所示的曲线操作工具条，选择"构造线符号"工具 ⬚ ）。再用"样条曲线"工具 ⬚ 将这 4 个点连接起来，并设置样条曲线与竖直中心线之间的夹角为 90°，如图 2-261 所示，以使得衣帽钩的钩子紧贴底板。

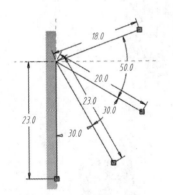

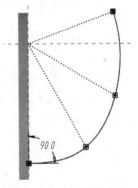

图 2-259 创建几何点和基准线　图 2-260 曲线操作工具条　图 2-261 创建样条曲线

② 单击"扫描混合"命令，在图 2-251 所示的"扫描混合"操控板中打开"参考"面板，选择上一步创建的曲线作为扫描轨迹，如图 2-262 所示（图中显示的 4 个几何点是上一步在草绘模式中创建的）。

③ 打开操控板上的"截面"面板，如图 2-263 所示。选择"草绘截面"，系统自动选择了"开始"，即点 PNT0 作为第一个截面的草绘位置。单击"草绘"按钮，进入草绘模式，在中心点处草绘一个直径为 17 的圆，如图 2-264 所示。

④ 返回"截面"面板，单击"插入"按钮，将显示图 2-265 所示的定义截面 2 的界面，选择图 2-262 中的点 PNT1 作为第二个截面的草绘位置。进入草绘模式，绘制一个直径为 15 的圆，如图 2-266 所示。

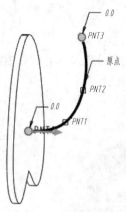

图 2-262 选择扫描轨迹

图 2-263 "截面"面板

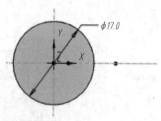

图 2-264 第一个截面

⑤ 返回"截面"面板，单击"插入"按钮，选择图 2-262 中的点 PNT2 作为第三个截面的草绘位置，草绘出一个直径为 13 的圆，如图 2-267 所示。

⑥ 返回"截面"面板，单击"插入"按钮，选择图 2-262 中的点 PNT3（即结束点）作为第四个截面的草绘位置，在中心位置草绘一个点作为截面。

⑦ 预览扫描混合特征，如图 2-268 所示，弯钩的顶端出现了尖角。返回"扫描混合"操控板，打开"相切"面板，如图 2-269 所示，选择"终止截面"为"平滑"，出现了顺滑的效果，如图 2-270 所示。

图 2-265 定义截面

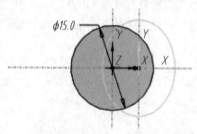

图 2-266 第二个截面

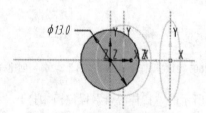

图 2-267 第三个截面

图 2-268 弯钩顶端出现尖角

图 2-269 设置条件

图 2-270 扫描混合结果

3. 最终修饰

单击"倒圆角"命令 ，对两处交线分别进行半径为 1 和 2 的倒圆角操作，如图 2-271 中的箭头所示。衣帽钩的成品如图 2-272 所示。

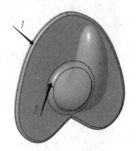

图 2-271　倒圆角

图 2-272　衣帽钩

把手操作视频

2.6.5　扫描混合特征应用实例二：把手

把手尺寸如图 2-273 所示，这是第一届"高教杯"（早期名为"中图杯"）全国大学生先进成图技术与产品信息建模创新大赛的试题。可采用扫描混合特征工具制作其主体部分，整体建模过程如下。

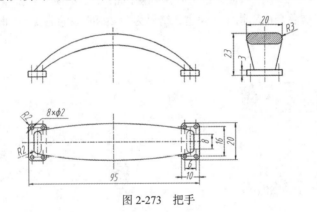

图 2-273　把手

1. 创建底座的一个拉伸特征

单击"拉伸"命令 ，选取 TOP 基准平面为草绘平面，草绘图 2-274 所示的特征截面 1，在"拉伸"操控板中选择向上拉伸，输入拉伸深度值 3，创建的拉伸特征如图 2-275 所示。

2. 创建一个扫描混合截面

单击"草绘"命令 ，以底座的上表面为草绘平面，在草绘模式下绘制图 2-276 所示的草绘截面 1。

3. 镜像得到第二个拉伸特征和扫描混合截面

在模型树上选择刚创建的拉伸特征和扫描混合截面，弹出编辑菜单，如图 2-277 所示，选择"创建局部组"工具 ，完成组合。在功能区中单击"镜像"命令 ，以 RIGHT 基准平面为镜像平面，得到另一个底座和截面，镜像结果如图 2-278 所示。

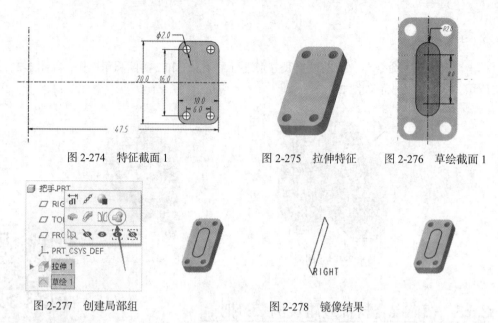

图 2-274　特征截面 1　　　　图 2-275　拉伸特征　　　图 2-276　草绘截面 1

图 2-277　创建局部组　　　　　　　图 2-278　镜像结果

4. 创建第三个扫描混合截面

单击"草绘"命令，以 RIGHT 基准平面为草绘平面，在草绘模式下绘制图 2-279 所示的截面。至此，完成了扫描混合特征截面的创建，结果为图 2-280 中的曲线 1、曲线 2 和曲线 3。

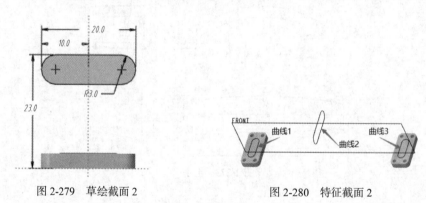

图 2-279　草绘截面 2　　　　　　　　图 2-280　特征截面 2

5. 创建样条曲线

单击"草绘"命令，以 FRONT 基准平面为草绘平面，在草绘模式下，按住"Ctrl+D"组合键，使其显示为立体视图。使用"参考"工具，激活图 2-280 中箭头所示的 3 条曲线的中点，得到它们在 FRONT 基准平面上的 3 个点投影。然后使用"样条曲线"工具连接这 3 个点，得到图 2-281 所示的样条曲线。

图 2-281　样条曲线

6. 创建扫描混合特征

① 单击"扫描混合"命令 ✐，打开"扫描混合"操控板，打开操控板上的"参考"面板，在图形区中选择刚绘制的样条曲线作为扫描轨迹。

② 打开操控板上的"截面"面板，如图 2-282 所示，选择"选定截面"选项。在图形区中选择跟轨迹上显示的箭头相对应的截面，如箭头在轨迹的最右侧，则选择图 2-283 所示的截面（即图 2-280 所示的最右侧的曲线 3）。

图 2-282　"截面"面板

图 2-283　选择截面

③ 在"截面"面板中单击"插入"按钮，在图形区中选择中间的截面（即图 2-280 中的曲线 2），生成的曲面特征如果出现扭曲现象，如图 2-284 所示，则拖动截面上的起始箭头，使两个截面的起点相对应，即可得到顺滑的曲面，如图 2-285 所示。

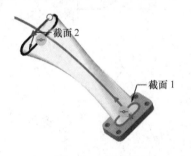

图 2-284　扭曲现象

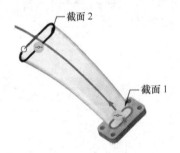

图 2-285　顺滑的曲面

④ 在"截面"面板中单击"插入"按钮，在图形区中选择左侧的截面（即图 2-280 中的曲线 1），生成的曲面如果出现扭曲现象，同样拖动截面上的起始箭头，使 3 个截面的起点相对应，如图 2-286 所示，即可得到顺滑的曲面。最终完成的扫描混合特征如图 2-287 所示。

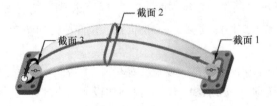

图 2-286　扫描混合特征

图 2-287　最终模型

任务 2.7　实体造型综合实例

这里对实体造型高级特征间的区别做个简单的总结，见表 2-1。

表 2-1　实体造型高级特征间的区别

特征	截面数	轨迹线数	特点
混合	≥2	无	各截面的线段数等
扫描	1	≥1	剖面可以由轨迹线来控制
螺旋扫描	1	1 个螺旋轴，1 条轨迹线	具有螺旋特色
扫描混合	≥2	≥1	轨迹线与剖面相交，具有扫描和混合的特征

【任务实施】

2.7.1　实体造型综合实例一：弯管

弯管操作视频

根据图 2-288 完成弯管的建模，原点如图所示，弯管的重心为＿＿＿＿＿＿。
（第四届"高教杯"全国大学生先进成图技术与产品信息建模创新大赛试题）

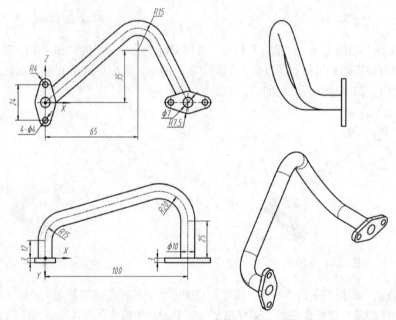

图 2-288　弯管

① 单击"拉伸"命令　，选择 FRONT 基准平面作为草绘平面，单击"草绘视图"按钮　调整视图。然后绘制图 2-289 所示的草绘截面，输入拉伸深度值 3，方向向前，拉伸特征如图 2-290 所示。

② 在模型树中选择刚创建的拉伸特征，单击功能区中的"复制"命令　，然后单击"粘贴"　按钮右侧的下拉按钮，选择"选择性粘贴"选项　　选择性粘贴（先粘贴剪切板上的内容，然后应用属性，例如相关性和旋转），弹出图 2-291 所示的对话框，勾选"对副本应用移动/旋转变换"复选框，单击"确定"按钮，进入"选择性粘贴"操控板。打开"变换"面板，设置"移动 1"为"旋转"，如图 2-292 所示，选择 z 轴为方向参考，设置旋转角度为 90。新建"移动 2"并将其设置为"移动"，如图 2-293 所示，选择 x 轴为方向参考，设置移动距离为 100，单击"确定"按钮　，结果如图 2-294 所示。

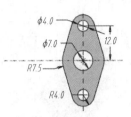

图 2-289　草绘截面

图 2-290　拉伸特征

图 2-291　"选择性粘贴"对话框

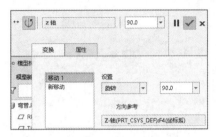

图 2-292　设置"移动 1"

图 2-293　设置"移动 2"

图 2-294　选择性复制特征结果

③ 草绘弯管的扫描轨迹。

单击"草绘"命令 ，选择 TOP 基准平面为草绘平面，绘制图 2-295 所示的草绘 1。单击"草绘"命令 ，选择 FRONT 基准平面为草绘平面，绘制图 2-296 所示的草绘 2。

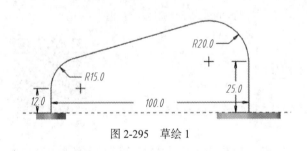

图 2-295　草绘 1　　　　　　　　　　　　　图 2-296　草绘 2

④ 使两条草绘轨迹相交。

按住"Ctrl"键，在模型树中同时选择"草绘 1"和"草绘 2"，然后单击"相交"命令 得到图 2-297 所示的结果。

⑤ 创建弯管的扫描特征。

单击"扫描"命令 ，再单击相交后的结果轨迹，然后单击"草绘截面"命令 ，绘制图 2-298 所示的扫描截面。完成后单击"确定"按钮 ，得到的扫描特征如图 2-299 所示。

⑥ 测量弯管的重心。

在功能区的"分析"选项卡的"模型报告"组中单击"质量属性"按钮 ，弹出"质量属性"

对话框，选择坐标系，即可显示出图 2-300 所示的属性，其中包括重心。

图 2-297　相交结果

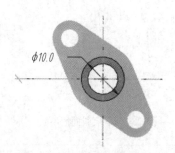

图 2-298　扫描截面

图 2-299　扫描特征

图 2-300　"质量属性"对话框

2.7.2　实体造型综合实例二：吊钩

吊钩操作视频

根据图 2-301 创建吊钩的三维模型。（第六届"高教杯"全国大学生先进成图技术与产品信息建模创新大赛试题）

① 单击"旋转"命令 ，以 FRONT 基准平面为草绘平面，在草绘模式下绘制图 2-302 所示的旋转截面，并绘制一条中心线作为旋转轴，输入旋转角度值 360，旋转结果如图 2-303 所示。

② 单击"倒角"命令 ，分别选择图 2-304 中箭头所指的上、下两条边进行半径为 5.5 和 8 的倒角操作，倒角结果如图 2-305 所示。

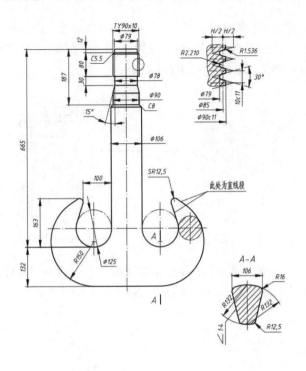

图 2-301　吊钩

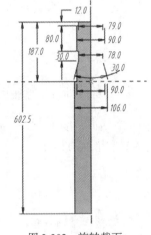

图 2-302　旋转截面

图 2-303　旋转结果

图 2-304　倒角

图 2-305　倒角结果

③ 单击"螺旋扫描"命令 ，打开"螺旋扫描"操控板，单击"移除材料"按钮 ，设置

螺旋扫描的属性：右手定则 ⑨ 、常量、穿过旋转轴。单击"参考"→"定义"命令，选择 FRONT 平面作为草绘平面，绘制图 2-306 所示的中心线和轨迹线，输入间距值 10。接着单击"草绘截面"按钮 ☑ ，绘制图 2-307 所示的草绘截面，螺旋扫描结果如图 2-308 所示。

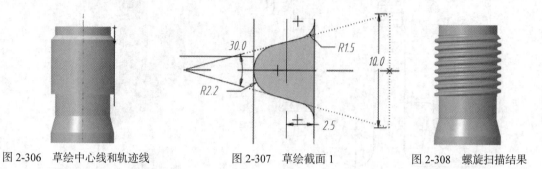

图 2-306　草绘中心线和轨迹线　　　　图 2-307　草绘截面 1　　　　图 2-308　螺旋扫描结果

④ 单击"草绘"命令 ，以 FRONT 基准平面作为草绘平面，绘制图 2-309 所示的边界线。

⑤ 单击"创建点"命令 ，进入"基准点"对话框，创建图 2-310 所示的基准点。

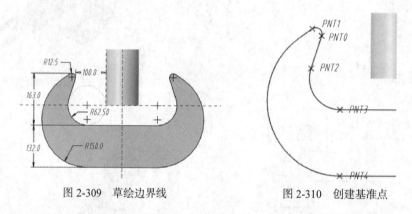

图 2-309　草绘边界线　　　　　　　　图 2-310　创建基准点

⑥ 单击"创建基准平面"命令 ，进入"基准平面"对话框，按住"Ctrl"键选择点 PNT0、PNT1 以及基准平面 FRONT，如图 2-311 所示，得到新的基准平面 DTM1。

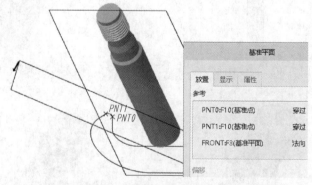

图 2-311　创建基准平面 DTM1

⑦ 单击"创建基准平面"命令 ，弹出"基准平面"对话框，按住"Ctrl"键选择 TOP 基准平面以及点 PNT2，如图 2-312 所示，得到一个与 TOP 基准平面相平行的基准平面 DTM2。

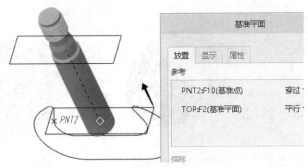

图 2-312　创建基准平面 DTM2

⑧ 单击"创建基准平面"命令 □，进入"基准平面"对话框，按住"Ctrl"键选择 FRONT 基准平面以及点 PNT3、PNT4，如图 2-313 所示，得到一个与 FRONT 基准平面相垂直的基准平面 DTM3。

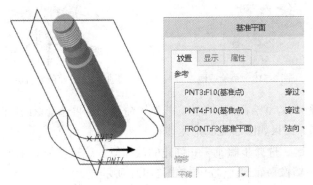

图 2-313　创建基准平面 DTM3

⑨ 单击"创建点"命令 ⁂，进入"基准点"对话框，按住"Ctrl"键选择草绘 1 的曲线以及基准平面 DTM2，得到图 2-314 所示的新基准点 PNT5。

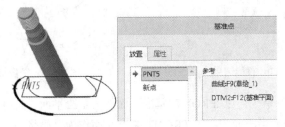

图 2-314　创建基准点 PNT5

⑩ 单击"旋转"命令 ⬥，选择 FRONT 基准平面作为草绘平面，绘制图 2-315 所示的几何中心线和截面 1，设置旋转角度为 360，旋转结果如图 2-316 所示。

⑪ 单击"草绘"命令 ⬃，选择基准平面 DTM1 作为草绘平面，选择"投影"工具 ⬚，激活图 2-317 所示的圆，完成草绘。

⑫ 单击"草绘"命令 ⬃，以基准平面 DTM2 作为草绘平面，选择"三点画圆"工具 ⬡，通过点 PNT2 及 PNT5 绘制图 2-318 中箭头所指的截面 3。

⑬ 单击"草绘"命令 ⬃，以基准平面 DTM3 作为草绘平面，绘制图 2-319 所示的截面 4。

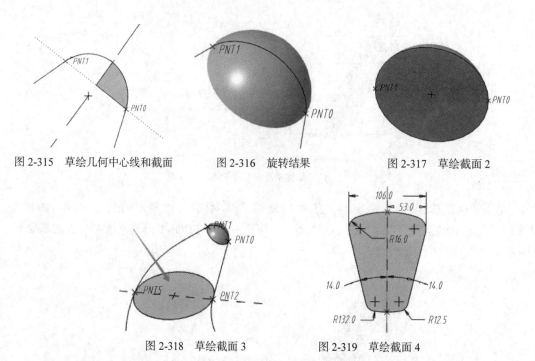

图 2-315　草绘几何中心线和截面　　　　图 2-316　旋转结果　　　　图 2-317　草绘截面 2

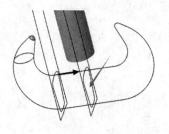

图 2-318　草绘截面 3

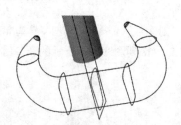

图 2-319　草绘截面 4

⑭ 选择上一步绘制的草绘截面，单击"投影"命令 ，再选择 RIGHT 基准平面作为投影平面，完成截面的投影，结果如图 2-320 所示。

⑮ 按住"Ctrl"键，选择步骤⑩～⑬创建的截面以及旋转特征。单击"镜像"命令 ，以 RIGHT 基准平面作为镜像平面，镜像结果如图 2-321 所示。

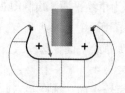

图 2-320　投影结果

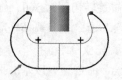

图 2-321　镜像结果

⑯ 单击"草绘"命令 ，以 FRONT 基准平面作为草绘平面，选择"投影"工具 ，激活图 2-322 中箭头所指的上半段曲线；以 FRONT 基准平面作为草绘平面，选择"投影 "工具，激活图 2-323 中箭头所指的下半段曲线，完成草绘。

图 2-322　草绘上半段曲线　　　　图 2-323　草绘下半段曲线

⑰ 单击"边界混合"命令 ，在弹出的操控板中，点亮第一方向，按住"Ctrl"键选择前面

刚草绘完成的两条曲线（图 2-322 和图 2-323 中箭头所指）；然后，点亮第二方向，按住"Ctrl"键选择这两条曲线之间的各个封闭的小截面，如图 2-324 所示，完成的边界混合曲面如图 2-325 所示。

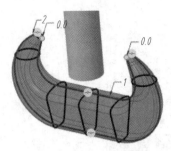

图 2-324　选取边界线

图 2-325　边界混合曲面

⑱ 单击"草绘"命令 ～，以 FRONT 基准平面作为草绘平面，绘制图 2-326 所示的圆弧，完成草绘曲线 1；继续使用草绘工具，以基准平面 DTM3 作为草绘平面，选择"投影"工具 □，激活图 2-327 中所示的部分，完成草绘曲线 2；继续使用草绘工具，以步骤①创建的旋转特征的底面作为草绘平面，选择"投影"工具 □，激活图 2-328 所示的 1/4 段圆弧，完成草绘曲线 3。

图 2-326　草绘曲线 1

图 2-327　草绘曲线 2

图 2-328　草绘曲线 3

⑲ 单击"创建点"命令 ，进入"基准点"对话框，创建图 2-329 所示的基准点 PNT6、PNT7 和 PNT8。

⑳ 单击"基准"→"曲线"命令 ～，依次添加点 PNT6 和 PNT8，得到一条样条曲线，在图 2-330 所示的面板中选择"结束条件"→"起点"→"相切"选项，选择点 PNT6 上方的旋转特征表面；再选择"终点"→"相切"选项，选择点 PNT8 下方的曲线，如图 2-331 中箭头所指，完成相切曲线的创建。

图 2-329　创建基准点

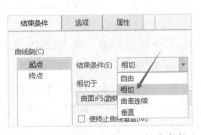

图 2-330　定义"相切"为结束条件

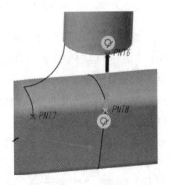

图 2-331　创建曲线 1

㉑ 单击"创建曲线"命令～，选择点 PNT7 和 PNT8，并在图 2-332 所示的"放置"面板中勾选"在曲面上放置曲线"复选框，然后选择与该线段相邻的下方的曲面，如图 2-333 所示。至此，完成了多段空间封闭曲线的创建，如图 2-334 所示。

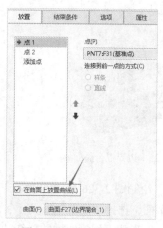

图 2-332 "放置"面板

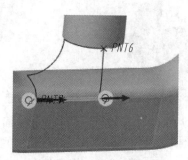

图 2-333 创建曲线 2

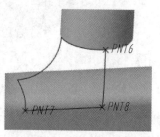

图 2-334 多段空间封闭曲线

㉒ 单击"样式"命令，进入自由曲面操作界面，单击"曲面"按钮，弹出曲面创建的操控板，打开"参考"面板，如图 2-335 所示。单击"细节"按钮，弹出图 2-336 所示的"链"对话框，在图形区中依次选择图 2-334 所示的边界线，每选一段都应在图 2-336 所示"链"对话框中单击一次"添加"按钮，最终得到图 2-337 所示的样式曲面。

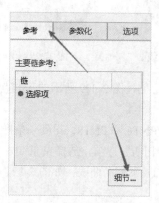

图 2-335 "参考"面板

图 2-336 "链"对话框

㉓ 单击"镜像"命令，对刚完成的自由曲面进行镜像操作，以 RIGHT 基准平面为镜像平面。然后，对这两个曲面再次进行镜像操作，并以 FRONT 基准平面为镜像平面，最终得到图 2-338 所示的镜像曲面。

㉔ 选择刚完成的样式曲面以及 3 个镜像曲面，在"编辑"选项卡中单击"合并"命令，得到"合并 1"曲面。

㉕ 在模型树中选择刚才完成的"合并 1"曲面以及边界混合曲面，在"编辑"选项卡中单击"合并"命令，在"合并"操控板上打开"选项"面板。选择"联接"选项，如图 2-339 所示，则会出现图 2-340 所示的合并预览效果，可以通过单击其中的箭头来改变曲面的合并方向，最终得到"合并 2"曲面。

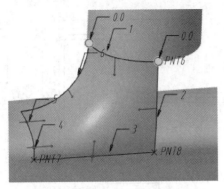

图 2-337　样式曲面

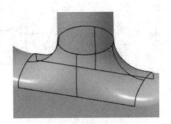

图 2-338　镜像曲面

图 2-339　选择"联接"选项

图 2-340　实体化曲面

㉖ 在模型树中选择"合并 2"曲面，在"编辑"选项卡中单击"实体化"命令 ，使箭头方向朝内，得到图 2-341 所示的吊钩实体（可以把之前创建的所有曲面隐藏起来）。

为了了解清楚吊钩内部是否已真正实体化，可以创建一个剖面。单击"视图管理器"命令 ，弹出图 2-342 所示的操控板，选择"截面"→"新建"→"平面"选项，然后在图形区中选择 FRONT 基准平面作为剖面，得到图 2-343 所示的剖视图。

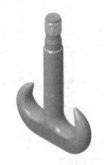

图 2-341　吊钩实体

图 2-342　建立剖面

图 2-343　剖视图

2.7.3　实体造型综合实例三：红酒木塞螺旋启瓶器

根据图 2-344 创建红酒木塞螺旋启瓶器的三维模型。（第八届"高教杯"全国大学生先进成图技术与产品信息建模创新大赛试题）

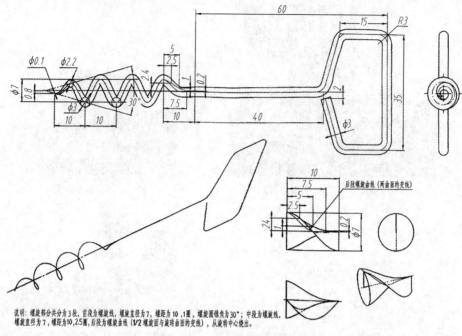

说明：螺旋部分共分为3段，首段为螺旋线，螺旋直径为7，螺距为10，1圈，螺旋圆锥角为30°；中段为螺旋线，螺旋直径为7，螺距为10,2.5圈，后段为螺旋曲线（1/2螺旋面与旋转曲面的交线），从旋转中心绕出。

图 2-344　红酒木塞螺旋启瓶器

① 单击"草绘"命令∿，以 FRONT 基准平面作为草绘平面，绘制图 2-345 所示的曲线，草绘结果如图 2-346 所示。

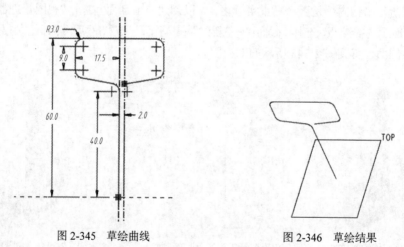

图 2-345　草绘曲线　　　　　　　图 2-346　草绘结果

② 单击"扫描"命令右侧的下拉按钮·，单击"螺旋扫描"命令▥，打开"螺旋扫描"操控板，选择"曲面"类型▢，设置螺旋扫描的属性：右手定则🔄、常量、穿过旋转轴。单击"参考"→"定义"按钮，选择 FRONT 基准平面作为草绘平面，绘制图 2-347 所示的扫描轨迹和中心线（注意扫描轨迹要与约束相切✓）。输入间距值 10，接着单击"草绘截面"按钮▨，绘制图 2-348 所示的水平线段。结束草绘后，螺旋扫描结果如图 2-349 所示。

③ 单击"创建基准平面"命令▢，进入"基准平面"对话框，以 TOP 基准平面作为基准平面，向下平移 35，得到基准平面 DTM1，再向下平移 5，得到基准平面 DTM2，如图 2-350 所示。

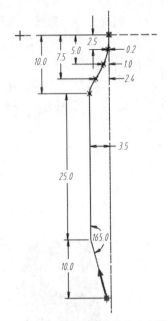

图 2-347 绘制扫描轨迹和中心线

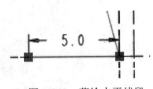

图 2-348 草绘水平线段

图 2-349 螺旋扫描结果

④ 单击"创建点"命令 ，进入"基准点"对话框，按住"Ctrl"键，在图形区中选择基准平面 DTM1 和螺旋内曲线，得到交点 PNT1；选择"新点"选项，按住"Ctrl"键，在图形区中选择基准平面 DTM2 和螺旋内曲线，得到交点 PNT2，结果如图 2-351 所示。

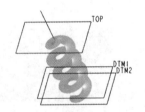

图 2-350 创建基准平面

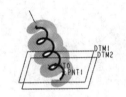

图 2-351 创建基准点

⑤ 单击"扫描混合"命令 ，打开"扫描混合"操控板，选择"实体"类型 ，打开"参考"面板，如图 2-352 所示。单击"细节"按钮，弹出"链"对话框，在图形区中按住"Ctrl"键选择图 2-353 中箭头所指的两段曲线作为扫描轨迹，此时，"链"对话框中会显示出这两条扫描轨迹，单击"确定"按钮。

图 2-352 "参考"面板

图 2-353 扫描轨迹

⑥ 在"扫描混合"操控板中打开"截面"面板，如图 2-354 所示，选择"草绘截面"选项。在图形区中选择扫描轨迹的"起点"作为"截面 1"的位置。此时，"截面"面板中的"草绘"按钮会被激活，单击"草绘"按钮，进入草绘模式，绘制图 2-355 所示的圆作为"截面 1"。

⑦ 在"截面"面板上单击"插入"按钮，以增加扫描混合截面。选择"截面 2"选项，在图形区中选择基准点 PNT0 作为"截面 2"的位置。在"截面"面板上单击"草绘"按钮，进入草绘模式，在中心位置绘制图 2-356 所示的圆作为"截面 2"。

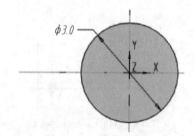

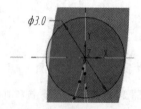

图 2-354 "截面"面板　　　图 2-355 草绘"截面 1"　　　图 2-356 草绘"截面 2"

⑧ 用相同的方法，选择点 PNT1 作为"截面 3"的位置，绘制图 2-357 所示的"截面 3"；选择扫描轨迹的"终点"作为"截面 4"的位置，绘制图 2-358 所示的圆作为"截面 4"。

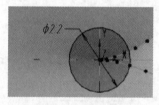

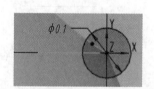

图 2-357 草绘"截面 3"　　　　　图 2-358 草绘"截面 4"

⑨ 在"扫描混合"操控板上单击"确定"按钮☑，完成扫描混合特征的创建，结果如图 2-359 所示。把之前创建的螺旋曲面特征隐藏起来，即可得到图 2-360 所示的吊钩模型。

图 2-359 扫描混合结果　　　　　图 2-360 吊钩模型

【自我评估】练习题

1. 根据图 2-361 创建齿轮的三维模型。

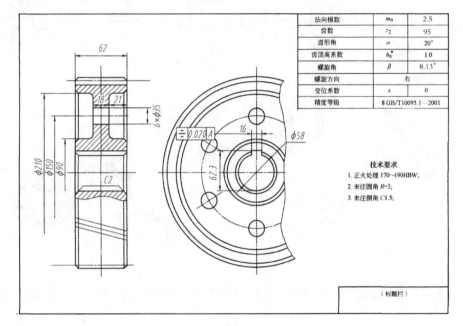

法向模数	m_n	2.5
齿数	z_2	95
齿形角	α	20°
齿顶高系数	h_a^*	1.0
螺旋角	β	8.13°
螺旋方向		右
变位系数	x	0
精度等级	8 GB/T10095.1—2001	

技术要求

1. 正火处理 170~190HBW;
2. 未注圆角 $R=3$;
3. 未注倒角 $C1.5$;

(标题栏)

图 2-361　齿轮

2. 根据图 2-362 创建摇杆的三维模型。

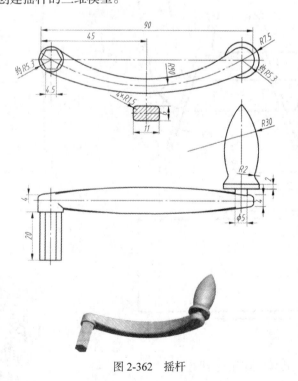

摇杆操作视频

图 2-362　摇杆

3. 根据图 2-363 创建连接环的三维模型。

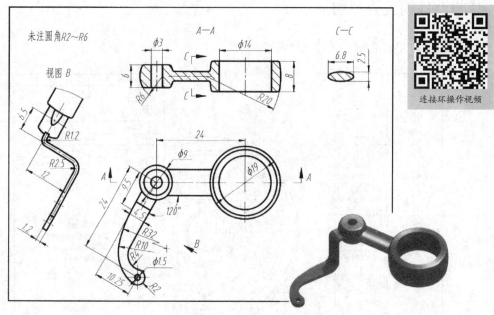

图 2-363　连接环

4. 根据图 2-364 创建沙发的三维模型。（2007 年河南省赛区三维数字建模大赛试题）

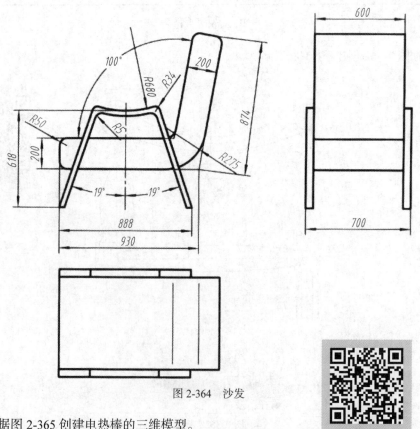

图 2-364　沙发

5. 根据图 2-365 创建电热棒的三维模型。

电热棒操作视频

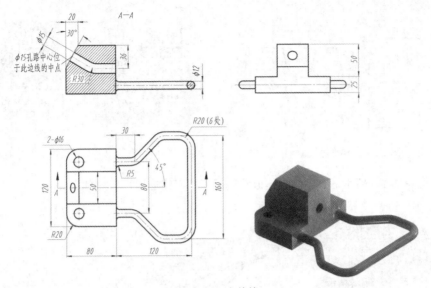

图 2-365 电热棒

6. 根据图 2-366 创建螺杆的三维模型。[第四期 CAD 技能二级（三维数字建模师）试题]

7. 根据图 2-367 创建纸篓的三维模型。（2007 年河南省赛区三维数字建模大赛试题）

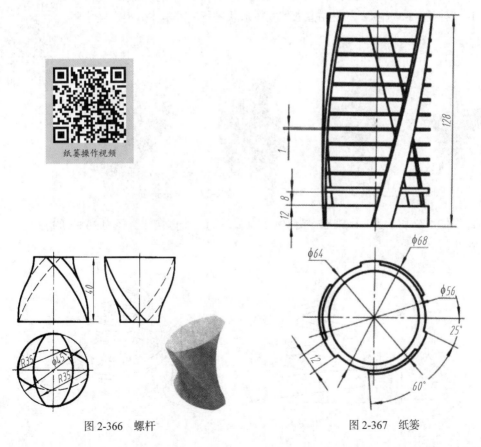

图 2-366 螺杆　　　　　　　　　　图 2-367 纸篓

8. 根据图 2-368 所示的视图尺寸，在圆柱表面创建完整的螺距为 12 的梯形螺纹。[第八期 CAD 技能二级（三维数字建模师）考题]

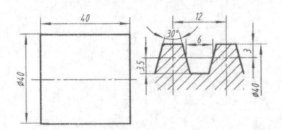

梯形螺纹操作视频　　零件操作视频

图 2-368　梯形螺纹

9. 根据图 2-369 所示的零件的立体形状进行三维实体造型，尺寸自定。

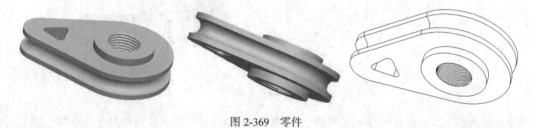

图 2-369　零件

10. 根据图 2-370 所示的五角星的立体形状进行三维实体造型，尺寸自定。

11. 根据图 2-371 所示的淋浴露瓶的立体形状进行三维实体造型，尺寸自定。

沐浴露瓶操作视频

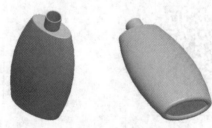

图 2-370　五角星　　　　图 2-371　淋浴露瓶

12. 图 2-372 所示为一个锥形螺旋模型，其底端为一个内接圆直径为 20 的等边六边形，创建其三维模型。

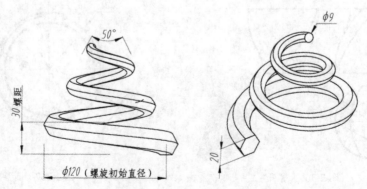

图 2-372　锥形螺旋模型

13. 根据图 2-373 创建灯管的三维模型。

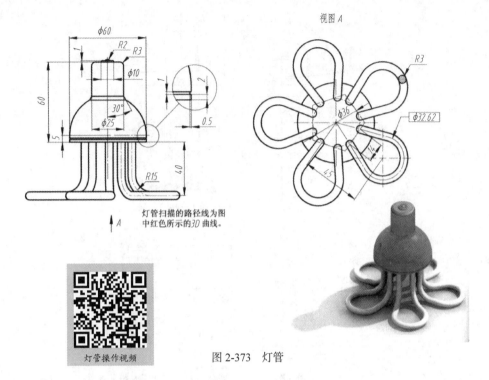

灯管扫描的路径线为图中红色所示的3D曲线。

图 2-373 灯管

灯管操作视频

14. 根据图 2-374 创建弯钩的三维模型。

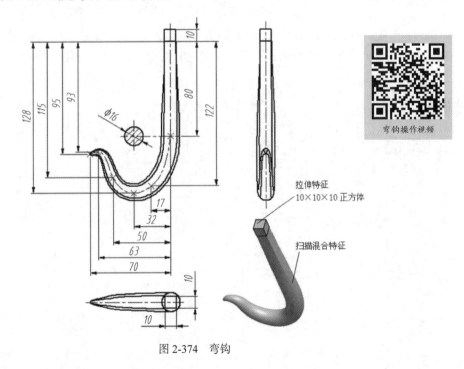

弯钩操作视频

拉伸特征
10×10×10 正方体

扫描混合特征

图 2-374 弯钩

15. 根据图 2-375 创建水龙头底座的三维模型。相关尺寸如下。

16. 创建图 2-376 所示的节能灯的三维模型（第五届"高教杯"全国大学生先进成图技术与产品信息建模创新大赛试题）

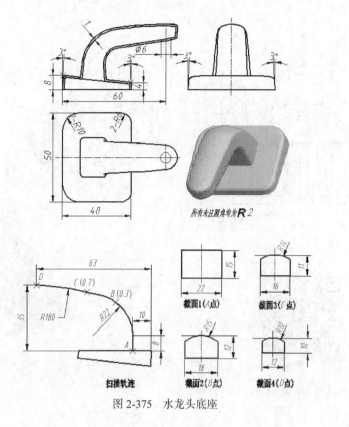

图 2-375　水龙头底座

说明：节能灯螺口螺纹直径为 26，螺距为 6，圈数为 3.5，螺纹牙型为 R1.5 圆弧；灯管螺旋线直径为 40，节距为 12，圈数为 3 圈，灯管直径为 7，其余尺寸参阅图 2-376。

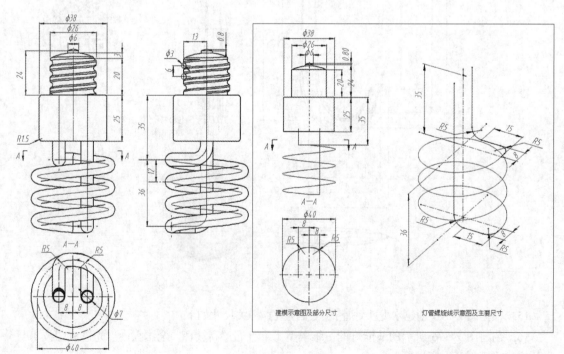

图 2-376　节能灯

项目 3

曲面设计

曲面特征主要是用来创建复杂零件的，曲面被称为面是因为它没有厚度。在 Creo 中进行曲面建模时首先采用各种方法建立曲面，再对曲面进行修剪、切削等操作，然后将多个单独的曲面合并，得到一个整体的曲面；最后对合并的曲面进行实体化，也就是将曲面加厚使之变为实体。

曲面建模过程中常用的命令有拉伸、旋转、扫描、混合、填充、边界混合等，编辑曲面会经常用到曲面的合并、相交、复制操作，最后要进行加厚、实体化，使之变成实体。

课程育人

任务 3.1　基本特征曲面

【任务学习】

拉伸曲面和旋转曲面与实体的创建相比，就是将单击操控板中的"实体"类型按钮 🗂 改为单击"曲面"类型按钮 🗀，其余操作基本相同。下面仅通过实例说明拉伸曲面和旋转曲面的创建过程。

鼠标操作视频

3.1.1　用拉伸曲面创建鼠标模型

拉伸曲面是指一条直线或者曲线沿着垂直于绘图平面的一个或者两个方向拉伸生成的曲面。下面说明如何通过拉伸曲面的方式创建封闭的鼠标模型，其尺寸如图 3-1 所示。（第五期 CAD 技能二级（三维建模师）考证题）

1. 创建第一个拉伸曲面特征

① 单击"拉伸"命令 🗂，打开"拉伸"操控板，单击该操控板中的"曲面"类型按钮 🗀，在"拉伸"操控板上选择"放置"选项，打开"放置"面板，如图 3-2 所示。

单击"定义"按钮，弹出"草绘"对话框，选择 FRONT 基准平面为草绘平面，进入草绘模式。

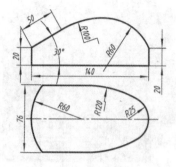

图 3-1　鼠标模型

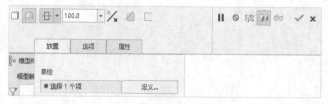

图 3-2　"拉伸"操控板

② 在草绘模式下绘制图 3-3 所示的截面，单击"确定"按钮 ，结束草绘，系统返回图 3-2 所示的"拉伸"操控板，选择深度类型为 （对称），输入拉伸高度值 100。单击"确定"按钮 ，完成第一个拉伸曲面特征的创建，按"Ctrl+D"组合键，使其呈现为立体视图，结果如图 3-4 所示。

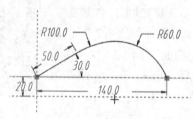

图 3-3　草绘截面 1

图 3-4　第一个拉伸曲面特征

2. 创建第二个拉伸曲面特征

单击"拉伸"命令 ，打开"拉伸"操控板。单击该操控板中的"曲面"类型按钮 。在"拉伸"操控板上选择"放置"选项，打开"放置"面板。单击"定义"按钮，弹出"草绘"对话框，选择 TOP 基准平面为草绘平面。在草绘模式下绘制图 3-5 所示的截面（注意：先选择"草绘"→"参考"选项激活第一个拉伸曲面特征中的最左边和最右边的两条线做参考），单击"确定"按钮 ，结束草绘。系统返回"拉伸"操控板，选择深度类型为 （拉伸至选定的曲面），选择前面创建的第一个拉伸曲面特征。再选择"拉伸"操控板中的"选项"选项，勾选"封闭端"复选框 ，如图 3-6 所示，使拉伸曲面特征的两端封闭。单击"确定"按钮 ，结果如图 3-7 所示。

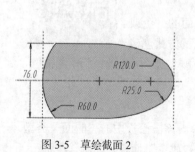

图 3-5　草绘截面 2

图 3-6　深度类型和"选项"面板

图 3-7　第二个拉伸曲面特征

3. 隐藏第一个拉伸曲面特征

选择图 3-8 所示模型树中要隐藏的"拉伸 1"，在弹出的快捷菜单中选择"隐藏"选项，模型的显示结果如图 3-9 所示。最后还应在图 3-10 所示的"层树"中选择"保存状况"，如图 3-11 所示，将此文件保存，以后打开时不会再显示被隐藏的图元。

4. 加厚

选择整个曲面，再单击"加厚"按钮 加厚，将曲面加厚变成实体。

图 3-8　隐藏第一个拉伸曲面特征

图 3-9　模型的显示结果

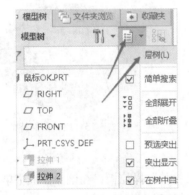

图 3-10　将"模型树"转换为"层树"

图 3-11　选择"保存状况"

3.1.2　用旋转曲面创建瓷篮模型

旋转曲面是一条直线或者曲线绕一条中轴线，旋转一定角度（0°～360°）而生成的曲面特征。下面说明如何用旋转曲面特征工具创建图 3-12 所示的瓷篮模型，要求曲面光滑，无扭曲，最终加厚生成实体。（第二届全国三维数字建模大赛试题）

瓷篮操作视频

（1）打开"旋转"操控板

在功能区中单击"旋转"命令 ，打开"旋转"操控板，单击该操控板中的"曲面"类型按钮 ，如图 3-13 所示。

（2）定义草绘截面的放置属性

在"旋转"操控板上选择"放置"选项，打开"放置"面板。单击"定义"按钮，弹出"草绘"对话框，选择 FRONT 基准平面为草绘平面，系统将自动选择 RIGHT 基准平面作为参考平面，方向为右。在"草绘"对话框中单击"草绘"按钮，进入草绘模式。

图 3-12　瓷篮模型

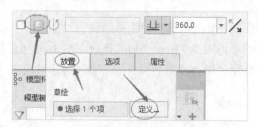

图 3-13　"旋转"操控板

（3）创建旋转曲面

① 创建特征截面。在草绘模式下，使用"中心线"工具 ┊ 画一条水平中心线作为旋转轴，接着使用"椭圆"工具 ◌ 绘制一个长轴为 250、短轴为 170 的椭圆，再使用"删除段"工具 ⤢ 删除椭圆的上半段，完成的草绘截面如图 3-14 所示。

② 定义旋转类型及角度。选择旋转类型为 ⏣（草绘截面以指定角度值旋转），设置角度值为360。

③ 在操控板中单击"确定"按钮 ✓，完成旋转曲面特征的创建，结果如图 3-15 所示。

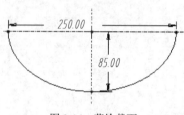

图 3-14　草绘截面

图 3-15　旋转曲面特征

（4）创建切口拉伸曲面

① 在功能区中单击"拉伸"命令 ⬛，打开"拉伸"操控板，在该操控板中单击"曲面"类型按钮 ⬜ 和"移除材料"按钮 ⬔，选择图形区中的面组为修剪对象。

② 在操控板上单击"放置"→"定义"按钮，弹出"草绘"对话框，选择 FRONT 基准平面作为草绘平面，使用"样条曲线"工具 ∿ 绘制图 3-16 所示的曲线特征截面。在"拉伸"操控板中选择深度类型为 ⬒（对称拉伸），输入深度值 196，然后单击 ⦀ 按钮，使移除材料的方向如图3-17 中的箭头所示，切口拉伸特征曲面如图 3-18 所示。

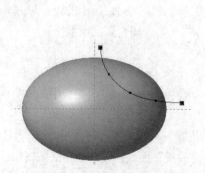

图 3-16　曲线特征截面

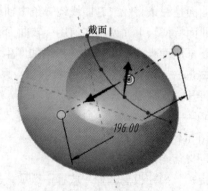

图 3-17　移除材料的方向

③ 在模型树中选择上一步创建的切口拉伸特征曲面，在功能区中单击"镜像"命令，弹出"镜像"对话框，选择 RIGHT 基准平面作为镜像平面，单击"确定"按钮☑或单击鼠标中键，镜像结果如图 3-19 所示。

图 3-18　切口拉伸特征曲面

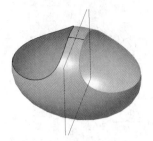

图 3-19　镜像结果

（5）将曲面加厚

选择刚创建的曲面，单击"加厚"命令⊏，输入薄板实体的厚度值 3.5。选择"选项"选项，打开"选项"面板，选择"自动拟合"选项，如图 3-20 所示。然后，单击 ⅍ 按钮，改变其加厚方向为两侧对称加厚，加厚结果如图 3-21 所示。

图 3-20　"选项"面板

图 3-21　加厚结果

3.1.3　通过填充创建平整曲面

填充曲面是指在指定的平面上绘制一个封闭的草图，或者利用已经存在的模型的边线来形成封闭草图以生成曲面。Creo 中采用填充特征来创建二维的平整平面。注意：填充曲面的截面必须是封闭的。

创建填充曲面的一般操作如下。

① 单击"填充"命令▢，打开图 3-22 所示的"填充曲面"操控板，在该操控板上选择"参考"选项，打开"参考"面板，然后单击"定义"按钮，打开"草绘"对话框。选择 FRONT 基准平面作为草绘平面，参考平面和方向采用默认设置，单击"草绘"按钮进入草绘模式。

② 在草绘模式中绘制图 3-23 所示的填充截面，完成后结束草绘。

③ 在"填充曲面"操控板中单击"确定"按钮☑，完成填充曲面的创建，结果如图 3-24 所示。

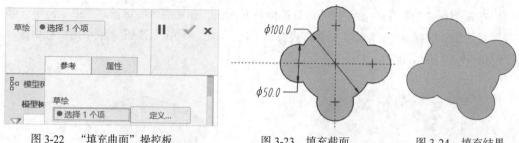

图 3-22 "填充曲面"操控板　　　　图 3-23 填充截面　　　图 3-24 填充结果

【任务实施】

3.1.4　基本特征曲面应用实例：水槽

下面将介绍如何应用基本曲面工具创建图 3-25 所示水槽的三维模型，需要用到拉伸曲面、填充曲面，曲面的合并、加厚、偏移等工具。本例建模的设计流程为：水槽箱体的创建、水槽平台的制作、水槽底部的制作、水槽外形的造型、水槽摩擦板的偏移、水槽整体的修饰。

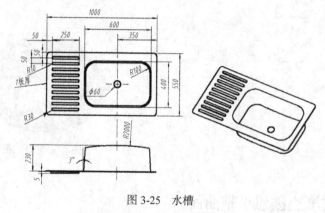

图 3-25　水槽

创建过程如下。

1. 创建水槽箱体的拉伸曲面

单击"拉伸"命令 ，弹出"拉伸"操控板，单击"曲面"类型按钮 ，选择 TOP 基准平面作为草绘平面，绘制图 3-26 所示的截面，单击"确定"按钮 。在"拉伸"操控板上输入深度值 250，向下拉伸，单击鼠标中键确定拉伸，按"Ctrl+D"组合键使模型呈现为立体视图，创建的水槽箱体如图 3-27 所示。

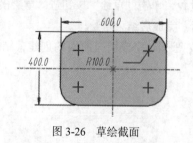

图 3-26　草绘截面

图 3-27　水槽箱体

2. 创建水槽平台的填充曲面

单击"填充"命令 ▢，选择 TOP 基准平面作为基准平面，草绘图 3-28 所示的填充截面，完成的填充特征如图 3-29 所示。

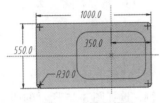

图 3-28　填充截面

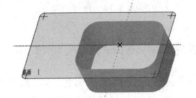

图 3-29　填充特征

3. 合并拉伸曲面与填充曲面

按住"Ctrl"键，在模型树中同时选择"拉伸 1"和"填充 1"，然后单击"编辑"→"合并"命令，使合并方向箭头如图 3-30 所示（如方向不对，可单击箭头改变方向），单击鼠标中键确定将两个曲面进行合并，结果如图 3-31 所示。

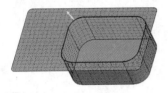

图 3-30　合并方向 1

图 3-31　合并结果 1

4. 创建水槽底部的拉伸曲面

① 单击"拉伸"命令 🗔，在"拉伸"操控板中单击"曲面"类型按钮 ▱。选择 FRONT 基准平面作为草绘的基准平面，选择"画圆"工具 ◯，绘制一个半径为 2000 的圆，使圆心落在竖直中心线上，圆弧顶部到水平中心线的距离为 230；选择"删除段"工具 ⬩，删除无用线条，结果如图 3-32 所示。

② 在"拉伸"操控板上选择对称拉伸方式为 🔲，设置拉伸长度为 600，预览效果如图 3-33 所示。单击"确定"按钮 ☑，完成拉伸。

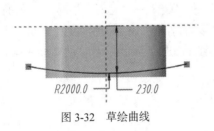

图 3-32　草绘曲线

图 3-33　预览效果

5. 合并两个曲面

按住"Ctrl"键，在模型树中同时选择"合并 1"和"拉伸 2"，单击"编辑"→"合并"命令，使合并方向箭头如图 3-34 所示，单击鼠标中键确定将两个曲面进行合并，结果如图 3-35 所示。

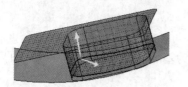

图 3-34　合并方向 2

图 3-35　合并结果 2

6. 创建四周侧面的拔模特征

　　单击功能区中的"拔模"命令 ，打开图 3-36 所示的"拔模"操控板，打开图 3-37 所示的"参考"面板，激活"拔模曲面"添加项目，按住"Ctrl"键，选择图 3-35 所示的四周侧面；再激活"拔模枢轴"添加项目，选择图 3-35 所示的上表面。选择好拔模枢轴后进行拔模度数的调整，在图 3-36 所示的"拔模"操控板中输入拔模度数值 3，可单击 按钮改变拔模方向，完成的拔模特征如图 3-38 示。

图 3-36　"拔模"操控板

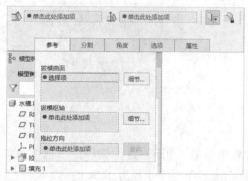

图 3-37　"参考"面板

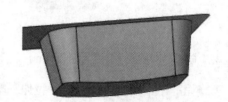

图 3-38　拔模特征

7. 创建水槽摩擦板的偏移曲面

　　选择图 3-38 所示的上表面，单击"编辑"→"偏移"命令，在弹出的"偏移"操控板中选择具有拔模特征的偏移方式 ，如图 3-39 所示。单击"参考"→"草绘"→"定义"按钮，以水槽的上表面作为草绘的基准平面，绘制图 3-40 所示的截面，再在"偏移"操控板中输入偏移深度值 5，并单击 按钮，选择偏移的方向；单击鼠标中键确定偏移，然后对该偏移曲面进行倒圆角操作，结果如图 3-41 所示。

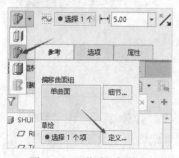

图 3-39　"偏移"操控板

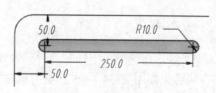

图 3-40　草绘截面

8. 偏移曲面的阵列

在模型树中选择"偏移 1"，在功能区中单击"阵列"命令▦，弹出图 3-42 所示的"阵列"操控板，选择"方向"来定义阵列成员，选择 FRONT 基准平面作为基准平面，分别输入阵列成员的数量 10 和阵列尺寸 50。阵列结果如图 3-43 所示。

图 3-41　偏移结果

图 3-42　"阵列"操控板

9. 倒圆角修饰

单击"倒圆角"命令⟍，对图 3-44 中箭头所指的地方进行半径为 10 的倒圆角操作。

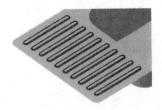

图 3-43　阵列结果

图 3-44　倒圆角

10. 水槽整体的加厚

选择整个曲面，在功能区中单击"编辑"→"加厚"命令，弹出对应操控板，输入加厚值 5，单击 ％ 按钮，选择加厚的方向。

11. 水槽底部开孔

在功能区中单击"孔"命令▯，弹出图 3-45 所示的"孔"操控板，打开"放置"面板，选择水槽的上表面作为放置孔的基准平面，选择"类型"为"线性"，激活"偏移参考"，按住"Ctrl"键，同时选择 FRONT 基准平面和 RIGHT 基准平面，钻孔方式选择▣（钻孔至与所有曲面相交），结果如图 3-46 所示。

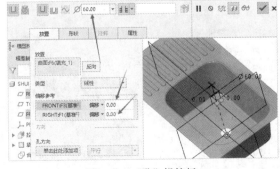

图 3-45　"孔"操控板

图 3-46　开孔结果

任务 3.2　高级特征曲面

【任务学习】

扫描、混合、扫描混合等高级特征曲面与实体的创建方式基本相同。下面仅举例说明这些特征曲面的创建过程。

3.2.1　用扫描曲面创建滑道和雨伞

扫描曲面是扫描截面沿一条或多条轨迹扫描形成的曲面，可以是恒定截面的扫描，也可以是可变截面的扫描。和实体特征的扫描一样，扫描曲面的方式比较多，扫描过程复杂。下面说明如何用扫描曲面创建滑道和雨伞。

1.　创建图 3-47 所示的滑道

该滑道的曲面特征是典型的扫描曲面创建过程如下。

① 单击"草绘"命令 ，绘制图 3-48 所示的轨迹。

② 定义扫描轨迹与扫描截面。

图 3-47　滑道

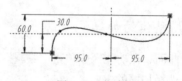

图 3-48　草绘轨迹

◆ 单击"扫描"命令 扫描 ，出现图 3-49 所示的"扫描"操控板。

◆ 单击"曲面"类型按钮 ，打开"参考"面板，在"轨迹"列表中选择图 3-48 所示的轨迹。

◆ 单击 按钮，进入二维截面的草绘模式，然后草绘截面，如图 3-50 所示。

③ 在"扫描"操控板中单击"确定"按钮，完成扫描特征的创建，结果如图 3-51 所示。再将其加厚，即可得到实体。

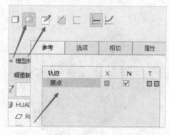

图 3-49　"扫描"操控板

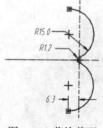

图 3-50　草绘截面

图 3-51　扫描特征

2. 创建图 3-52 所示的雨伞

雨伞操作视频

① 单击"草绘"命令🖉，以 FRONT 基准平面作为草绘平面，绘制图 3-53 所示的一段圆弧（应与水平参考线相切），结束草绘。

② 选择草绘线，单击"阵列"命令▦，弹出对应操控板，选择阵列方式为"轴"。单击"创建基准轴"按钮╱，按住"Ctrl"键，同时选择 FRONT 基准平面和 RIGHT 基准平面，即可完成相交轴的创建。然后返回"阵列"操控板，输入阵列数目 6、阵列角度 60，阵列结果如图 3-54 所示。

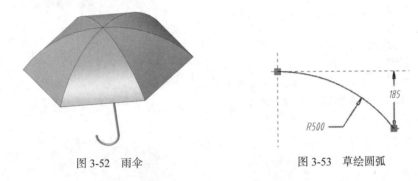

图 3-52　雨伞　　　　　　　　　　　　　　　　图 3-53　草绘圆弧

③ 单击"扫描"命令🖉，弹出对应操控板，如图 3-55 所示。选择"扫描为曲面"类型🖻，打开"参考"面板，按住"Ctrl"键，依次选择图 3-54 所示的 6 条曲线作为扫描轨迹，在图 3-55 所示的"截平面控制"中选择"恒定法向"，将"方向参考"选择为 TOP 基准平面。

图 3-54　阵列结果

图 3-55　"扫描"操控板

④ 单击图 3-55 所示的"扫描"操控板中的"创建截面"按钮🗹，进入扫描截面的草绘模式，绘制图 3-56 所示的截面（用直线连接 6 个点形成正六边形）。可变截面扫描特征如图 3-57 所示。

图 3-56　草绘截面 1

图 3-57　可变截面扫描特征

⑤ 选择曲面，单击"加厚"命令 加厚，设置厚度为 2，并往里加厚。打开"选项"面板，选择"自动拟合"选项，如图 3-58 所示。注意："垂直于曲面"选项只适用于平整曲面，在本例中选择"垂直于曲面"选项会出现错误，加厚不能完成。

⑥ 以 FRONT 基准平面作为基准平面，草绘轨迹如图 3-59 所示，单击"扫描"命令 扫描，打开"参考"面板，选择轨迹。单击"草绘截面"按钮，草绘图 3-60 所示的截面，勾选"合并端"复选框，得到雨伞的手柄，如图 3-61 所示。

图 3-58　选择"自动拟合"选项

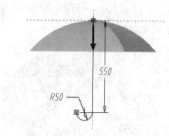

图 3-59　草绘轨迹

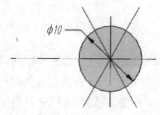

图 3-60　草绘截面 2

图 3-61　扫描结果

3.2.2　用混合曲面创建花瓶

混合曲面的绘制方法与混合实体的绘制方法相似，混合曲面是指由一系列直线或曲线（可以是封闭的）连在一起生成的曲面，可以分为直线过渡型和曲线光滑过渡型。下面说明如何用混合曲面创建图 3-62 所示的花瓶（具体尺寸自定，要求外形美观、图形正确）。（2006 年河南省赛区三维数字建模大赛试题）

图 3-62　花瓶

花瓶的曲面特征为混合曲面，下面介绍其建模过程。

1. 单击"混合"命令

在功能区中单击"形状"→"混合"命令。

2. 定义混合类型、截面类型和属性

① 在图 3-63 所示面板中选择"截面"→"草绘截面"选项。

② 在图 3-64 所示的"选项"面板中选择"平滑"属性。

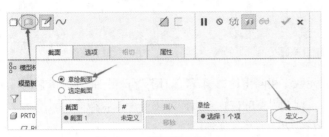

图 3-63　"截面"面板

图 3-64　选择"平滑"属性

3. 创建混合截面

① 在图 3-63 所示的"截面"面板中，单击"定义"按钮，选择 TOP 基准平面作为草绘平面，在草绘模式下绘制图 3-65 所示的第一个混合截面：长轴为 40、短轴为 30 的椭圆。并绘制两条中心线作为基准，用"分割"工具将它们打断成 4 段。

② 单击图 3-66 所示的"插入"按钮，出现截面 2 的定义界面，输入偏移到截面 1 的距离 60，单击"草绘"按钮，绘制图 3-67 示的第二个混合截面：边长为 60 的正方形。

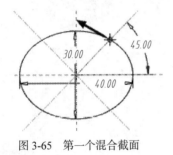

图 3-65　第一个混合截面

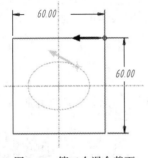

图 3-66　单击"插入"按钮

③ 同样的步骤绘制图 3-68 所示的第三个混合截面：直径为 23 的圆，偏移到截面 2 的距离为 40。

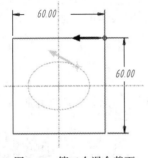

图 3-67　第二个混合截面

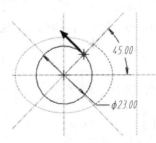

图 3-68　第三个混合截面

④ 同样的步骤绘制图 3-69 所示的第四个混合截面：直径为 18 的圆，偏移到截面 3 的距离为 20。

⑤ 同样的步骤绘制图 3-70 所示的第五个混合截面：直径为 25 的圆，偏移到截面 4 的距离为 20。

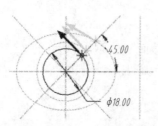

图 3-69　第四个混合截面

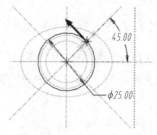

图 3-70　第五个混合截面

注意：以上各混合截面的图元数应相同（均为 4 段）。用"分割"工具 将它们打断成相应的 4 段，然后会出现起点的箭头，调整起点的位置与方向与第一个混合截面相同。

最终得到的混合曲面如图 3-71 所示。

4. 创建瓶底的填充曲面

单击"填充"命令 ，选择 TOP 基准平面作为草绘平面，在草绘模式下，选择"投影"工具 ，激活瓶底的边界线（图 3-72），得到图 3-73 所示的填充曲面。

图 3-71　混合曲面

图 3-72　瓶底边界线

图 3-73　填充曲面

5. 合并曲面

在模型树中选择"填充 1"和"混合曲面"，然后单击"合并"命令 ，将两个曲面合并。

图 3-74　底边倒圆角

6. 倒圆角

单击"倒圆角"命令 ，选择花瓶四周的侧棱边，输入圆角半径 3；再选择花瓶底座的棱边，输入圆角半径 3，结果如图 3-74 所示。

7. 加厚曲面

选择整个瓶身，单击"加厚"命令 加厚，输入厚度 2，最终完成的花瓶如图 3-62 所示。

【任务实施】

3.2.3　高级特征曲面应用实例：酒壶

创建图 3-75 所示的酒壶。

酒壶操作视频

该酒壶分为 4 个部分：壶身、壶嘴、壶柄、壶盖。各部分的特征不同，壶身和壶盖是旋转特征，壶嘴是典型的扫描混合特征，壶柄是扫描特征。其中，壶嘴的扫描混合特征是该模型中最难创建的部分，应重点掌握其中的建模技巧。（扫描混合特征曲面是指由多个截面沿着一条轨迹扫描产生的曲面，具有扫描与混合的双重特点。扫描混合特征曲面的创建方法与扫描混合实体的创建方法基本相同。）

该酒壶主体部分运用曲面来制作会比较方便快捷，大致建模的过程为：创建壶身的旋转特征曲面→创建壶嘴的扫描混合特征曲面→合并壶嘴与壶身曲面→加厚曲面→修饰壶嘴出水口→创建壶柄的扫描特征实体→酒壶的倒圆角修饰→创建壶盖的旋转特征实体。

建模过程如下。

1. 创建壶身的旋转特征曲面

单击"旋转"命令 ，选择对应操控板中的"曲面旋转"类型 ，选择 FRONT 基准平面作为草绘平面，绘制图 3-76 所示的旋转截面，并绘制一条中心线作为旋转轴，输入旋转角度 360，完成酒壶壶身的制作，旋转曲面如图 3-77 所示。

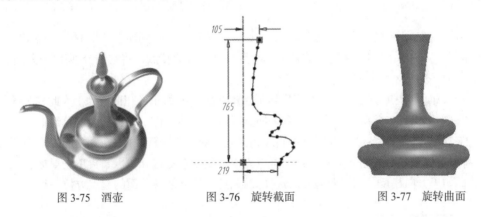

图 3-75　酒壶　　　　　　　图 3-76　旋转截面　　　　　　图 3-77　旋转曲面

2. 创建壶嘴的扫描混合特征曲面

① 单击"草绘"命令 ，以 FRONT 基准平面作为草绘平面，用"样条曲线"工具绘制图 3-78 所示的扫描轨迹。

② 单击"创建基准点"命令 ，创建图 3-79 所示的 5 个基准点。

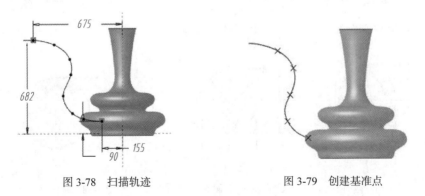

图 3-78　扫描轨迹　　　　　　　　图 3-79　创建基准点

③ 单击"扫描混合" 命令，在图 3-80 所示的"扫描混合"操控板中选择"曲面"类型 ，并

打开"参考"面板，选择图 3-78 所示的轨迹，在"截平面控制"中选择"垂直于轨迹"选项。然后选择"截面"选项，打开"截面"面板，如图 3-81 所示，选择"草绘截面"选项，选择轨迹最下方的端点作为"截面位置"的"开始"点。再单击"草绘"按钮，进入草绘模式，绘制图 3-82 所示的截面 1。

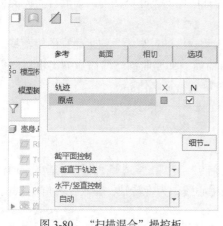

图 3-80　"扫描混合"操控板

图 3-81　"截面"面板

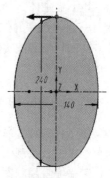

图 3-82　截面 1

④ 单击图 3-81 所示的"截面"面板中的"插入"按钮，准备创建下一个截面。用相同的方法分别选择图 3-79 所示的扫描轨迹上的各个基准点和最上方的端点，将它们分别作为截面位置，草绘出图 3-83～图 3-88 所示的各个截面。

注意：各截面的起点方位必须一致，否则将会出现图 3-89 所示的扭曲现象。为此，对各截面需要使用"打断"工具，并调整起点的位置来使其一致。具体操作：在各截面的草绘模式中，使用"打断"工具，分别将各截面与竖直中心线相交处打断，使各截面的图元数相同（均为两段）；出现起点箭头，如果各截面的起点不一致，可以先单击鼠标左键选择该点，再单击鼠标右键，选择"起点"；如果方向相反，则在此处再次选择"起点"，最终使各截面的起点方位一致。

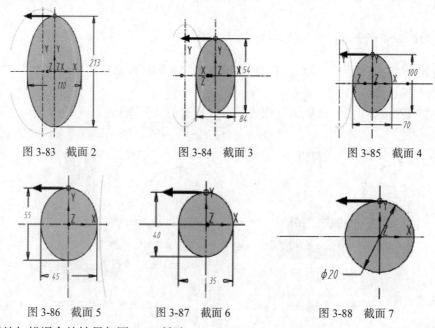

图 3-83　截面 2　　　　图 3-84　截面 3　　　　图 3-85　截面 4

图 3-86　截面 5　　　图 3-87　截面 6　　　图 3-88　截面 7

壶嘴处扫描混合的结果如图 3-90 所示。

图 3-89　扭曲现象

图 3-90　扫描混合结果

3. 合并壶嘴与壶身曲面

按住 "Ctrl" 键，在模型树中选择前面所创建的 "旋转 1" 和 "扫描混合 1"，然后单击 "编辑" 组的 "合并" 命令，将壶嘴与壶身两个曲面进行合并，得到图 3-91 所示的合并方向箭头。如果方向不对，可以单击 "改变箭头" 按钮，最终结果如图 3-92 所示。

图 3-91　合并的方向

图 3-92　合并结果

4. 加厚曲面

选择合并后的曲面，单击 "编辑" 组的 "加厚" 命令 ▢，在弹出的 "加厚" 操控板中输入厚度值 5，方向向外，单击 "确定" 按钮。

5. 修饰壶嘴出水口

由于壶嘴部分不太理想，单击 "拉伸" 命令 ▢，弹出 "拉伸" 操控板，单击 "移除材料" 按钮 ◢，然后选择 FRONT 基准平面作为草绘平面，在壶嘴一端草绘一条图 3-93 所示的直线，拉伸方向向上，移除壶嘴出水口上部的多余材料，结果如图 3-94 所示。

图 3-93　草绘直线

图 3-94　移除结果

6. 创建壶柄的扫描特征实体

① 单击"草绘"命令 ，绘制图 3-95 所示的扫描轨迹。

② 单击"扫描"命令 ，打开"扫描"操控板，选择"实体"类型，打开"参考"→"轨迹"列表，选择图 3-95 所示的扫描轨迹。

③ 单击"创建截面"按钮 ，进入二维截面的草绘模式，然后草绘图 3-96 所示的扫描截面。

④ 在"扫描"操控板的"选项"面板中勾选"合并端"复选框。完成扫描特征的创建，结果如图 3-97 所示。

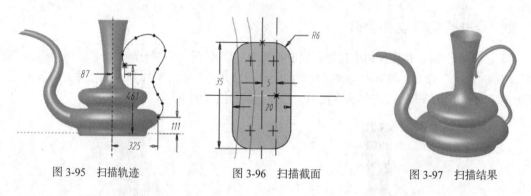

图 3-95　扫描轨迹　　　　图 3-96　扫描截面　　　　图 3-97　扫描结果

7. 酒壶的倒圆角修饰

单击"倒圆角"命令 ，依次对图 3-98 所示的 3 处进行倒圆角操作，然后保存并退出。

8. 创建壶盖的旋转特征实体

壶盖是另外一个零件，可在"组件"模式下创建该零件。

① 单击"文件"→"新建"命令，弹出图 3-99 所示的"新建"对话框，选择"装配"单选按钮，设置"文件名"为"酒壶"，单击"确定"按钮，进入组件创建模式。

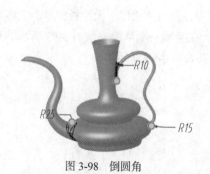

图 3-98　倒圆角　　　　　　　图 3-99　"新建"对话框

② 在功能区中单击"装配"命令 ，调入之前创建的酒壶主体文件"壶身"，在图 3-100 所示的"装配"操控板上选择"默认"装配关系，单击"确定"按钮，完成壶身的装配。

③ 单击功能区中的"创建元件"命令 ，弹出图 3-101 所示的"创建元件"对话框，选择"零

件"→"实体"选项，设置"文件名"为"壶盖"，单击"确定"按钮后出现图 3-102 所示的"创建选项"对话框，选择"创建特征"选项，单击"确定"按钮，进入壶盖的创建界面。

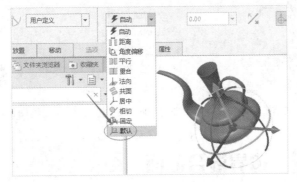

图 3-100　"装配"操控板

图 3-101　"创建元件"对话框

图 3-102　"创建选项"对话框

④ 单击功能区中的"旋转"命令 ，选择"实体"类型 ，以 ASM_FRONT 基准平面作为草绘平面，以 ASM_TOP 和 ASM_RIGHT 基准平面作为参考平面，如图 3-103 所示。绘制图 3-104 所示的旋转截面，并绘制一条中心线作为旋转轴，设置旋转角度为 360。完成壶盖的制作，结果如图 3-105 所示。这样，在模型树中出现"壶身.PRT"和"壶盖.PRT"两个文件，如图 3-106 所示。这两个文件为可独立存在的两个元件，保存后"壶盖.PRT"可单独打开，如图 3-107 所示。

图 3-103　"参考"对话框

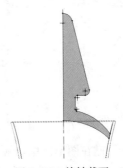

图 3-104　旋转截面

113

图 3-105　旋转结果

图 3-106　模型树

图 3-107　单独打开的模型

任务 3.3　边界混合曲面

【任务学习】

边界混合曲面由若干个参考图元（它们用于在一个或两个方向上定义曲面）来控制其形状，且每个方向上选定的第一个和最后一个图元为曲面的边界。如果添加更多的参考图元（如控制点和边界），则能更精确、更完整地定义曲面形状。

创建边界混合曲面时，需要注意以下几点。

① 曲线、模型边、基准点、曲线或边的端点都可以作为参考图元。

② 每个方向的参考图元都必须按连续的顺序选取。

③ 在两个方向上定义边界混合曲面时，其外部边界必须形成一个封闭的环，这意味着外部边界必须相交。

难点：如何捕捉交点。

方法：先草绘出一个方向上的各条边界曲线，再创建基准点，以曲线的端点作为基准点，然后草绘另一个方向上的各条边界曲线。注意：一进入二维草绘模式，必须把将用到的基准点设置为草绘参考。这样，绘制曲线时系统就能自动捕捉。

3.3.1　边界混合曲面创建的一般步骤与要点

① 定义若干条曲线作为参考图元，如图 3-108 所示。

② 在功能区中单击"边界混合"命令 ，打开"边界混合"操控板，如图 3-109 所示。

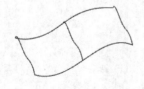

图 3-108　参考图元

图 3-109　"边界混合"操控板

按住"Ctrl"键在图形区中按顺序选择第一方向的曲线，如图 3-110 所示。然后在空白处单击鼠标右键，在弹出的快捷菜单中选择"第二方向曲线"。在图形区中选择第二方向的曲线，如图 3-111 所示。

③ 在操控板上单击"确定"按钮 ☑，完成边界混合曲面的创建，结果如图 3-112 所示。

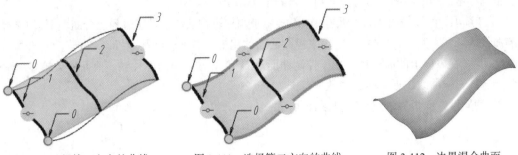

图 3-110　选择第一方向的曲线　　图 3-111　选择第二方向的曲线　　图 3-112　边界混合曲面

3.3.2　"边界混合"操控板

如上所述，在选取了两个方向上的曲线之后，"边界混合"操控板如图 3-113 所示，其中显示第一方向有 3 条曲线，第二方向有 2 条曲线。

图 3-113　"边界混合"操控板

① "曲线"面板如图 3-114 所示，该面板用于收集第一方向和第二方向的参考图元。列表框右侧的箭头用来调整参考图元的顺序。

② "约束"面板如图 3-115 所示，该面板用来控制边界条件。选择"条件"栏下面的任意一行，然后单击打开对应的下拉列表框，边界条件有如下 4 种。

◆ 自由。边界混合曲面在边界处不添加约束。

◆ 相切。边界混合曲面在边界处与参考曲面相切；将某一条边界曲线设置为相切后，会提示选择与之相切的参考平面。

◆ 曲率。边界混合曲面在边界处与参考曲面是曲率连续的。

◆ 垂直。边界混合曲面在边界处垂直于参考曲面或平面。

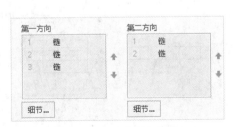

图 3-114　"曲线"面板

图 3-115　"约束"面板

③ "控制点"面板如图 3-116 所示，该面板用来设置合适的控制点以减少边界混合曲面的曲面片数。其中，"第一"用来定义第一个方向上的控制点；"第二"用来定义第二个方向上的控制

点；"拟合"用来设置控制点的拟合方式。拟合方式包括自然、弧长、点至点、段至段和可延展 5 种。根据参考曲线的不同，拟合方式可以选择的类型可能也不同。

④ "选项"面板如图 3-117 所示，该面板用来添加影响曲线，以使边界混合曲面逼近（拟合）影响曲线的形状。其中，"平滑度"用来控制曲面的粗糙度、不规则性或投影等，其"因子"在 0 到 1 之间。"在方向上的曲面片"用于控制曲面沿 U 和 V 方向的曲面片数。曲面片数越多，则曲面与所选的影响曲线越近。曲面片数的范围为 1～29。

⑤ "属性"面板用于定义边界混合曲面的名称。

图 3-116　"控制点"面板

图 3-117　"选项"面板

【任务实施】

3.3.3　边界混合曲面应用实例一：热水瓶上盖

热水瓶上盖操作视频

创建图 3-118 所示的热水瓶上盖的三维模型。

具体建模步骤如下。

1. 草绘 4 条边界曲线

① 单击"草绘"命令，选择 TOP 基准平面作为草绘平面，接受默认的设置，绘制图 3-119 所示的曲线 1。

② 选择 TOP 基准平面作为参考平面，创建与之相距 16 的基准平面 DTM1，如图 3-120 所示。以基准平面 DTM1 作为草绘平面，单击"草绘"命令，绘制图 3-121 所示的曲线 2。等角视图结果如图 3-122 所示。

图 3-118　热水瓶上盖

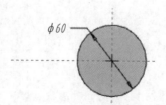

图 3-119　草绘曲线 1

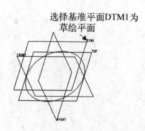

图 3-120　基准平面 DTM1

③ 单击"草绘"命令，选择 FRONT 基准平面作为草绘平面，绘制图 3-123 所示的两条斜线作为曲线 3 和曲线 4。

图3-121　草绘曲线2　　　图3-122　等角视图结果　　　图3-123　绘制两条斜线

2. 创建边界混合曲面

① 在功能区中单击"边界混合"命令⬚，打开"边界混合"操控板，如图3-124所示。

② 系统会提示选择第一方向的曲线，按住"Ctrl"键逐一选择图3-122所示的两条曲线。

图3-124　"边界混合"操控板

③ 在"边界混合"操控板中选择第二方向的曲线，单击"单击此处添加项"。

④ 系统将提示选择第二方向的曲线，按住"Ctrl"键逐一选择图3-123所示的两条斜线。完成的边界混合曲面如图3-125所示。

⑤ 按住"Ctrl"键逐一选择图3-126所示的模型树中的曲线和基准平面，在弹出的快捷菜单中选择"隐藏"选项，结果如图3-127所示。

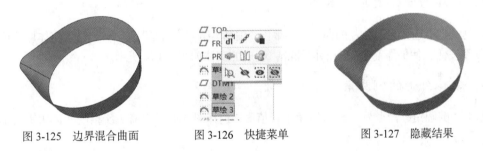

图3-125　边界混合曲面　　　图3-126　快捷菜单　　　图3-127　隐藏结果

3. 创建旋转曲面

单击"旋转"命令⬚，选择"曲面"类型⬚，以FRONT基准平面作为草绘平面，在草绘模式下绘制图3-128所示的几何中心线和几何图形，并标注尺寸。设置旋转角度为360，完成的旋转特征曲面如图3-129所示。

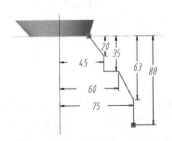

图3-128　草绘几何中心线和几何图形　　　图3-129　旋转特征曲面

4. 合并两个曲面

按住"Ctrl"键，选择模型树中的"边界混合"曲面和"旋转"曲面，再单击"合并"命令 ⬡，生成合并曲面。

5. 曲面的倒圆角

单击"倒圆角"命令 ，输入圆角半径值 12，选择图 3-130 所示的曲面边 P1 进行倒圆角操作;再输入圆角半径值 6，按住"Ctrl"键，选择图 3-131 所示的曲面边 P1、P2 进行倒圆角操作;再输入圆角半径值 4，选择图 3-132 所示的曲面边 P1 进行倒圆角操作，结果如图 3-133 所示。

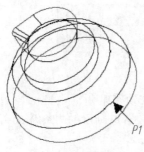　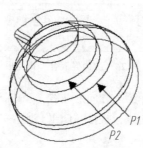　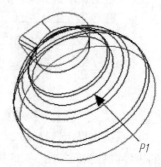

图 3-130　倒圆角 1　　　　　图 3-131　倒圆角 2　　　　　图 3-132　倒圆角 3

6. 加厚曲面，使其实体化

在模型树中选择之前合并的曲面，再单击"编辑"组的"加厚"命令 ，输入实体厚度值 1.5，并单击 按钮，使加厚箭头朝向曲面外部，生成的实体如图 3-134 所示。

7. 实体外形的倒圆角

单击"倒圆角"命令 ，输入圆角半径值 3，选择图 3-134 中箭头所指的实体边进行倒圆角操作。

图 3-133　倒圆角结果　　　　　　　图 3-134　生成的实体

8. 顶面的平整

单击"拉伸"命令 ，以 FRONT 基准平面作为草绘平面，绘制图 3-135 所示的水平线段。然后在图 3-136 所示的"拉伸"操控板中选择"穿透"选项，单击"切除材料"按钮 （此时移除材料的方向箭头朝上，即移除上半部分材料），将实体上表面切为平坦的表面。

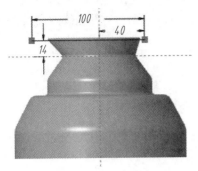

图 3-135 绘制水平线段

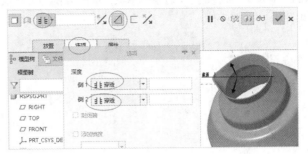

图 3-136 "拉伸"操控板

3.3.4 边界混合曲面应用实例二：摩托车后视镜

摩托车后视镜操作视频

创建图 3-137 所示的摩托车后视镜的三维模型。

① 创建边界曲线 1。单击"草绘"命令 ，选择 FRONT 基准平面作为草绘平面，绘制图 3-138 所示的边界曲线 1。

图 3-137 摩托车后视镜

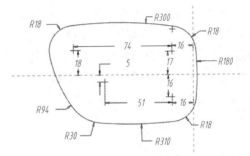

图 3-138 边界曲线 1

② 创建边界曲线 2。单击"创建基准平面"命令 ，以 RIGHT 基准平面作为基准平面，向右平移 80，得到新的基准平面 DTM1。以基准平面 DTM1 为基准平面，草绘边界曲线 2，如图 3-139 所示。

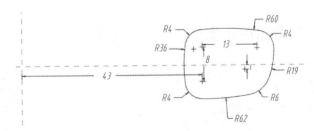

图 3-139 边界曲线 2

③ 创建边界曲线 3 和边界曲线 4。先隐藏 FRONT 基准平面、RIGHT 基准平面和基准平面 DTM1，再单击"创建基准点"命令 ，出现图 3-140 所示的"基准点"对话框。按住"Ctrl"键选择图 3-141 所示的 TOP 基准平面和前面创建的"边界曲线 1"的最左侧边线，出现交点 PNT0，得到第一个基准点。用同样的方法分别创建出 TOP 基准平面与"边界曲线 1"最右侧边线的交点

PNT1、TOP 基准平面与"边界曲线 2"最前方侧边线的交点 PNT2 和最后方侧边线的交点 PNT3，结果如图 3-141 所示。

图 3-140 "基准点"对话框

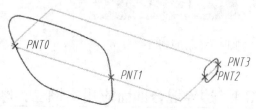

图 3-141 创建基准点

以 TOP 基准平面为基准平面，进入草绘模式，选择"参考"工具 □，分别选择点 PNT0、PNT1、PNT2、PNT3 为参考，再分别绘制图 3-142 所示的边界曲线 3 和边界曲线 4。

④ 创建边界混合曲面。单击"边界混合"命令 ◢，按住"Ctrl"键选择图 3-141 所示的边界曲线 1 和边界曲线 2 作为第一方向的控制图元，接着在"边界混合"操控板中单击"单击此处添加项目"，系统将提示选择第二方向的曲线，按住"Ctrl"键选择图 3-142 所示的边界曲线 3 和边界曲线 4 作为第二方向的控制图元，结果如图 3-143 所示。

⑤ 加厚曲面，创建实体。把 4 条曲线和基准点都隐藏起来，再将边界混合曲面进行加厚（厚度为 1.5），使曲面实体化，结果如图 3-137 所示。

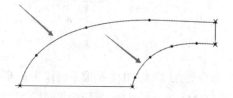

图 3-142 边界曲线 3 和边界曲线 4

图 3-143 边界混合曲面

3.3.5 边界混合曲面应用实例三：复杂旋钮

复杂旋钮操作视频

创建图 3-144 所示的煤气罐上的复杂旋钮的三维模型。

1. 创建旋钮主体的旋转曲面

单击"旋转"命令 ◈，选择 FRONT 基准平面作为草绘平面，进入草绘模式。使用"中心线"工具 ┆ 绘制一条竖直中心线作为旋转轴。接着绘制图 3-145 所示的旋转特征截面，设置旋转角度为 360，结果如图 3-146 所示。

2. 倒圆角

单击"倒圆角"命令 ◗，对图 3-147 所示的两条边进行倒圆角操作，圆角半径为 0.5。

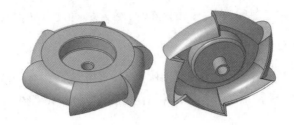

图 3-144　复杂旋钮

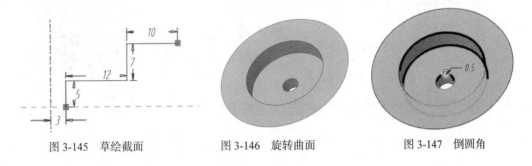

图 3-145　草绘截面　　　　图 3-146　旋转曲面　　　　图 3-147　倒圆角

3. 创建旋钮外部边缘的边界混合曲面

① 草绘边界曲线 1。选择上述旋转曲面的上表面为草绘平面，使用"投影"工具□草绘图 3-148 所示的边界曲线 1。

② 草绘边界曲线 2。选择 TOP 基准平面为草绘平面，使用"样条曲线"工具∿绘制图 3-149 所示的边界曲线 2。

③ 草绘边界曲线 3。以 FRONT 基准平面为草绘平面，绘制经过边界曲线 1 和边界曲线 2 两个端点的一段圆弧，如图 3-150 所示。

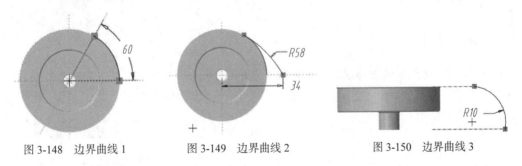

图 3-148　边界曲线 1　　　　图 3-149　边界曲线 2　　　　图 3-150　边界曲线 3

④ 草绘边界曲线 4。单击"创建基准平面"命令▱，创建一个经过边界曲线 1 和边界曲线 2 的另外两个端点和旋转中心的基准平面 DTM1，如图 3-151 所示。以基准平面 DTM1 为草绘平面，以两个端点为参考绘制一段圆弧，如图 3-152 所示。

⑤ 创建边界混合曲面。单击"边界混合"命令⬢，选择边界曲线 1 和边界曲线 2 作为第一方向的控制图元，选择边界曲线 3 和边界曲线 4 作为第二方向的控制图元，创建图 3-153 所示的边界混合曲面。

4. 边界混合曲面的阵列

单击"边界混合"命令⬢，然后单击"阵列"命令▦，打开"阵列"操控板，选择以"轴"的方式进行阵列，选择旋转中心轴线为中心，设置阵列个数为 6、角度为 60。阵列结果如图 3-154 所示。

5. 创建填充曲面

单击"填充"命令，以 FRONT 基准平面作为草绘平面，进入二维草绘模式，用"投影"工具选中图 3-155 所示的箭头所指的两条曲线，并用直线工具将两个端点连接，完成填充曲面的创建。

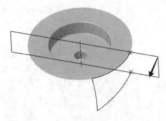
图 3-151　创建基准平面 DTM1

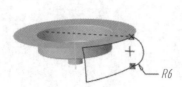
图 3-152　边界曲线 4

图 3-153　边界混合曲面

6. 填充曲面的阵列

填充完成的曲面同样以旋转中心轴线为中心，设置阵列个数为 6、角度为 60。阵列结果如图 3-156 所示。

图 3-154　阵列结果 1

图 3-155　填充曲面

图 3-156　阵列结果 2

7. 合并曲面

按住"Ctrl"键选择所有阵列的填充曲面和边界混合曲面，单击"合并"命令，将这些曲面合并。然后，按住"Ctrl"键选择该合并曲面和第一步完成的旋转曲面，单击"合并"命令，生成整体的合并曲面。

8. 加厚使曲面实体化

合并完成后单击"编辑"组的"加厚"命令，选择曲面，输入加厚值 1，单击"确定"按钮，完成复杂旋钮的三维模型的创建，结果如图 3-144 所示。

3.3.6　边界混合曲面应用实例四：把手

创建一个把手模型，其三视图及尺寸如图 3-157 所示（第一届"高教杯"全国大学生先进成图技术与产品信息建模创新大赛试题）。

项目 2 介绍过采用扫描混合特征工具制作这个把手的主体部分，本实例用边界混合曲面制作其主体部分，具体操作过程如下。

把手操作视频

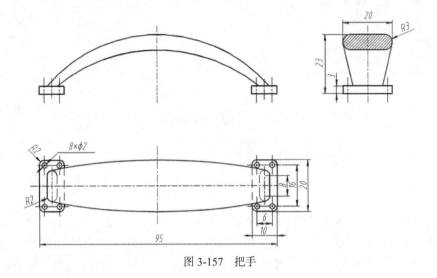

图 3-157　把手

① 拉伸出底座，然后单击"镜像"命令，把两个底座做出来，如图 3-158 所示。此过程跟前面的一样，此处不再赘述。

图 3-158　底座

② 在一个底座的上表面根据尺寸草绘出把手的边界曲线 1，如图 3-159 所示。然后用"镜像"工具 ⑭ 得到另一个底座上的边界曲线 3，如图 3-160 所示。

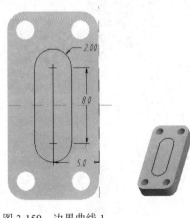　

图 3-159　边界曲线 1　　　　　　　　　图 3-160　边界曲线 3

③ 以 RIGHT 基准平面为基准面，草绘图 3-161 所示的截面，作为边界曲线 2。最终得到图 3-162 所示的 3 条边界曲线。

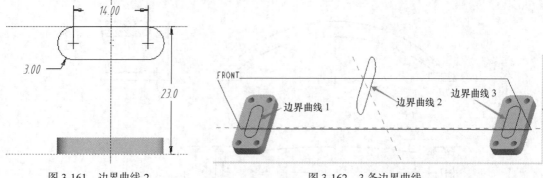

图 3-161　边界曲线 2　　　　　　　　　　图 3-162　3 条边界曲线

④ 以 FRONT 基准平面为草绘平面，在草绘模式下，按"Ctrl+D"组合键，使其显示为立体视图。选择"投影"工具 □，激活 3 条边界曲线的 3 个半圆弧曲线，得到图 3-163 所示的 3 条线段，然后使用"样条曲线"工具 ～ 分别连接这 3 段线的端点，得到边界曲线 4 和边界曲线 5，如图 3-164 所示。最后用"删除段"工具 ，把 3 条之前激活的线段删除，如图 3-165 所示。

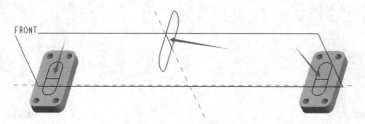

图 3-163　创建 3 条线段

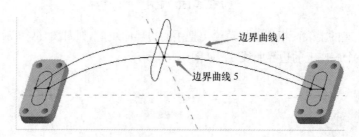

图 3-164　草绘边界曲线 4 和边界曲线 5

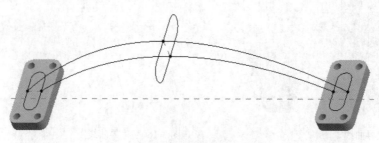

图 3-165　删除之前激活的 3 条线段

⑤ 创建边界混合曲面。单击"边界混合"命令 ，选择边界曲线 1、边界曲线 2 和边界曲线 3 作为第一方向的控制图元，选择边界曲线 4 和边界曲线 5 作为第二方向的控制图元，创建图 3-166 所示的边界混合曲面。

图 3-166　边界混合曲面

⑥ 实体化。选择模型树中的"边界混合1"，单击"编辑"组的"实体化"命令，弹出图3-167 所示的"实体化"操控板，单击 ╱ 按钮，使模型中的箭头方向如图3-168所示，完成把手边界混合特征的实体化。

⑦ 在模型树上方单击"显示"选项卡，选择"层树"→"层"选项，单击鼠标右键，从弹出的快捷菜单中选择"隐藏"选项，之前草绘的线和基准平面均被隐藏，模型显示结果如图3-169所示。

图 3-167　"实体化"操控板

图 3-168　实体化结果

图 3-169　模型显示结果

任务 3.4　曲面造型综合实例

水杯操作视频

【任务实施】

3.4.1　曲面造型综合实例一：水杯

按照图3-170所示的水杯曲面的立体形状，进行三维曲面造型，并添加表面图案和刻字。[第一期CAD技能二级（三维数字建模师）考题]

1. 创建杯口的雏形曲线

① 选择TOP基准平面作为草绘平面，单击"草绘"命令 ，进入草绘模式，草绘图3-171所示的截面，单击鼠标中键或"确定"按钮 ，其在模型树上显示为"草绘1"。

② 单击"草绘"命令 ，选择FRONT基准平面作为草绘平面，在草绘模式下，使用"参考"工具 参考 把之前绘制的"草绘1"中最左侧端点和最右侧端点分别激活作为参考，再用"样条曲线"工具绘制图3-172所示的截面，注意最左侧端点和最右侧端点应与参考点对齐。此特征

在模型树上显示为"草绘 2"。

图 3-170　水杯

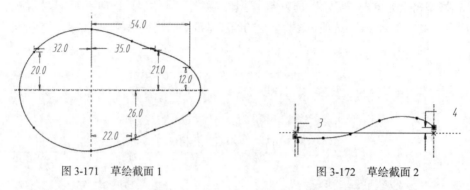

图 3-171　草绘截面 1　　　　　　　　　　图 3-172　草绘截面 2

③ 同时选择"草绘 1"和"草绘 2"，单击"相交"命令 ，使得两个草绘截面相交，生成图 3-173 所示的杯口的雏形曲线。

2. 创建杯身其他部位的横向截面

① 单击"创建基准平面"命令 ，选择 TOP 基准平面作为参考，向下平移 20，得到新的基准平面 DTM1。单击"草绘"命令 ，以基准平面 DTM1 为草绘平面，绘制图 3-174 所示的截面，此特征在模型树上显示为"草绘 3"。

② 用相同的方法创建新的基准平面 DTM2。以 TOP 基准平面作为参考，向下平移 79。以基准平面 DTM2 作为草绘平面，绘制图 3-175 所示的截面，此特征在模型树上显示为"草绘 4"。

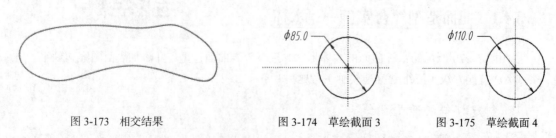

图 3-173　相交结果　　　　　　　图 3-174　草绘截面 3　　　　　图 3-175　草绘截面 4

③ 用相同的方法创建新的基准平面 DTM3。以 TOP 基准平面作为参考，向下平移 79。以基准平面 DTM3 作为草绘平面，绘制图 3-176 所示的截面，此特征在模型树上显示为"草绘 5"。

④ 用相同的方法创建新的基准平面 DTM4。以 TOP 基准平面作为参考，向下平移 100。以基准平面 DTM3 作为草绘平面，绘制图 3-177 所示的截面，此特征在模型树上显示为"草绘 6"。

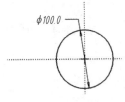

图 3-176 草绘截面 5

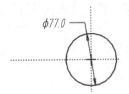

图 3-177 草绘截面 6

3. 创建杯身的纵向边界线

单击"草绘"命令 ，以 FRONT 基准平面作为草绘平面，使用"参考"工具 参考激活"草绘 2""草绘 3""草绘 4""草绘 5"和"草绘 6"在 FRONT 基准平面上的投影线的最左侧端点和最右侧端点，再分别用"样条曲线"工具连接图 3-178 所示的最左侧端点和最右侧端点，将其命名为"草绘 7"，结果如图 3-179 所示。

4. 创建边界混合曲面

单击"边界混合"命令 ，分别选择之前绘制的相交曲线、"草绘 3""草绘 4""草绘 5"和"草绘 6"作为第一方向的控制图元，选择"草绘 7"的左、右两条边界线作为第二方向的控制图元，创建图 3-180 所示的边界混合曲面。此时，可以隐藏前面的所有草绘截面。

图 3-178 草绘截面 7

图 3-179 草绘结果

图 3-180 边界混合曲面

5. 创建杯底的旋转曲面

单击"旋转"命令 ，选择对应操控板中的"曲面"类型 ，以 FRONT 基准平面为草绘平面，创建图 3-181 所示的截面和中心线，得到图 3-182 所示的旋转曲面，此特征在模型树上显示为"旋转 1"。

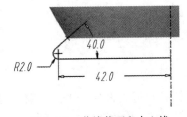

图 3-181 草绘截面和中心线

图 3-182 旋转曲面

6. 曲面的合并与加厚

按住"Ctrl"键，在模型树中同时选择"边界混合 1"和"旋转 1"，然后单击"合并"命令，再单击鼠标中键确定将两个曲面进行合并。

选择合并后的曲面，单击"加厚"命令，输入厚度值 3，方向向里，单击"确定"按钮。加厚结果如图 3-183 所示。

7. 创建手柄

单击"草绘"命令 ，草绘图 3-184 所示的扫描轨迹。

图 3-183　加厚结果

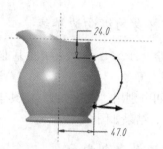

图 3-184　草绘扫描轨迹

单击"扫描"命令 扫描，出现"扫描"操控板，默认为"实体"类型。打开"参考"→"轨迹"列表，选择图 3-184 所示的轨迹。在当前操控板中单击"创建或编辑扫描截面"按钮 ，进入草绘模式。以默认的草绘放置点为中心绘制图 3-185 所示的扫描截面，然后打开"选项"面板，如图 3-186 所示，勾选"合并端"复选框。扫描结果如图 3-187 所示。

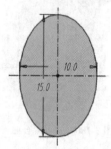

图 3-185　扫描截面

图 3-186　"选项"面板

图 3-187　扫描结果

8. 草绘文字

单击"创建基准平面"命令 ，选择 RIGHT 基准平面作为参考，向出水口方向平移 87，得到新的基准平面 DTM6。单击"草绘"命令 ，以基准平面 DTM6 为草绘平面，用"文本"工具 创建图 3-188 所示的文字，此特征在模型树上显示为"草绘 10"。

9. 偏移文字

按住"Ctrl"键，选择图 3-189 中箭头所示的杯身的两个侧面。单击"偏移"命令 偏移，在弹出的操控板中选择具有拔模特征的偏移方式 ，如图 3-190 所示。打开"参考"面板，单击"草绘"→"定义"按钮，以基准平面 DTM6 作为草绘平面，选择"投影"工具，在类型中选择"环"，激活之前创建的所有文字，完成草绘。在"偏移"操控板中输入文字偏移深度值 1，并单击 按钮，选择偏移方向向外，设置拔模角度为 3，结果如图 3-191 所示。

图 3-188 草绘文字

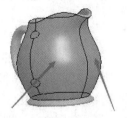

图 3-189 选取侧面

图 3-190 "偏移"操控板

图 3-191 偏移文字结果

10. 外观润色

单击"视图"→"外观"命令，外观库如图 3-192 所示，选择几种不同颜色对不同的部位进行着色。然后，选择图 3-192 所示的"编辑模型外观"选项，弹出图 3-193 所示的"模型外观编辑器"对话框；单击图 3-193 中箭头所指的颜色色块，弹出图 3-194 所示的"颜色编辑器"对话框，在"颜色轮盘"中选择合适的颜色，杯身外表面会自动变成此颜色。

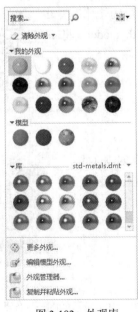

图 3-192 外观库

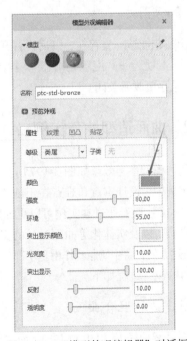

图 3-193 "模型外观编辑器"对话框

11. 贴花

① 把贴花另存为 ".jpg" 格式的文件（不透明），也可以另存为 ".gif" 格式的文件（透明）。

② 单击图 3-195 所示 "模型外观编辑器" 对话框中的 "选择一对象以编辑其外观" 按钮 ，在模型上选择贴花的部位。然后选择图 3-195 所示的 "模型外观编辑器" 对话框的 "贴花" 选项，选择 "图像" 选项，并打开贴图文件，即可实现该部位的贴花。然后在图 3-195 所示的 "模型外观编辑器" 对话框中修改参数，编辑贴花位置，可以得到不同的贴花效果，结果如图 3-196 所示。

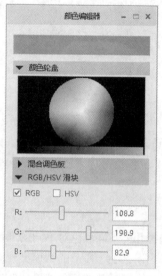

图 3-194　"颜色编辑器" 对话框　　　图 3-195　"贴花" 选项卡　　　图 3-196　贴花结果

12. 保存图片

为了让贴花能够一直存在，以后再打开时不消失，可进行以下操作：单击 "文件"→"选项"→"配置编辑器"，找到 save_texture_with_model，将 no 改成 yes，保存更改后关闭。

牛奶瓶操作视频

3.4.2　曲面造型综合实例二：牛奶瓶

牛奶瓶的模型参考效果如图 3-197 所示。

在该实例中，设计重点和难点在于创建需要的曲线，以及创建这些曲线所需的曲面。读者通过本实例可以更加熟练地掌握边界混合、旋转、扫描混合曲面，以及实体化等曲面设计的实用技能。

为了描述方便，将牛奶瓶看作由上半部分、下半部分和手柄组成。

牛奶瓶的设计过程如下。

1. 创建边界混合曲面

① 草绘边界曲线 1。以 TOP 基准平面作为草绘平面，绘制图 3-198 所示的图形，作为边界曲线 1。

② 草绘边界曲线 2。单击 "创建基准平面" 命令 ，选择 TOP 基准平面，输入平移数值 7，

图 3-197　牛奶瓶

选择方向向下，创建新的基准平面 DTM1。以基准平面 DTM1 作为草绘平面，绘制图 3-199 所示的图形，作为边界曲线 2。

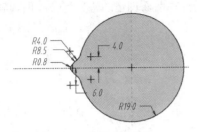

图 3-198　草绘边界曲线 1

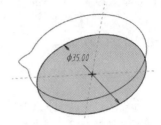

图 3-199　草绘边界曲线 2

③ 草绘边界曲线 3 和边界曲线 4。以 FRONT 基准平面为草绘平面，用"投影"工具 投影 激活前面绘制的边界曲线 1 和边界曲线 2 在 FRONT 基准平面上的投影线。用线段分别连接这两条投影线的最左侧端点和最右侧端点，然后删除之前激活的边界曲线 1 和边界曲线 2 的投影线，将得到的这两条线段作为边界曲线 3 和边界曲线 4。其立体视图如图 3-200 所示。

④ 创建边界混合曲面。单击"边界混合"命令，选择前面创建的边界曲线 1 和边界曲线 2 作为第一方向的控制图元，选择边界曲线 3 和边界曲线 4 作为第二方向的控制图元。创建边界混合曲面，结果如图 3-201 所示。

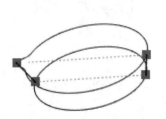

图 3-200　边界曲线 3 和边界曲线 4 的立体视图

图 3-201　边界混合曲面

2. 创建旋转曲面

单击"旋转"命令，选择 RIGHT 基准平面作为草绘平面，绘制图 3-202 所示的曲线，得到的旋转曲面如图 3-203 所示。

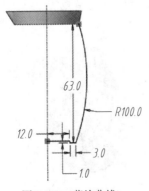

图 3-202　草绘曲线

图 3-203　旋转曲面

3. 曲面的合并与加厚

将前面绘制的曲线隐藏起来，按住"Ctrl"键选择前面创建的边界混合曲面和旋转曲面，然后单击"合并"命令 ⬚，将两个曲面合并为一个整体。然后单击"加厚"命令 ⬚，输入厚度值 0.5，方向向外，实现瓶身整体的加厚。

4. 创建扫描混合实体特征的手柄

单击"草绘"命令 ，绘制图 3-204 所示的轨迹；单击"扫描混合"命令，在"扫描混合"操控板中打开"参考"面板，选择上一步创建的曲线作为轨迹（见图 3-204）。打开操控板上的"截面"面板，选择"草绘截面"，以轨迹起点作为截面 1 的草绘位置，在中心点处草绘图 3-205 所示的椭圆。接着以轨迹终点作为截面 2 的草绘位置，在中心点处草绘图 3-206 所示的椭圆。在图 3-207 所示"扫描混合"操控板上单击"创建薄板特征"按钮 ⬚，输入薄板厚度值 0.5，扫描混合结果如图 3-208 所示。

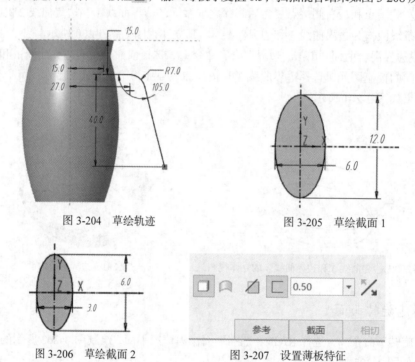

图 3-204　草绘轨迹　　　　　　　　　图 3-205　草绘截面 1

图 3-206　草绘截面 2　　　　　图 3-207　设置薄板特征

单击"移除材料"按钮 ，把图 3-208 中箭头所指的多余部分移除，结果如图 3-209 所示。

图 3-208　扫描混合结果　　　　　　图 3-209　移除结果

3.4.3 曲面造型综合实例三：洗发水瓶

（第三届"高教杯"全国大学生先进成图技术与产品信息建模创新大赛试题）洗发水瓶的三维模型及视图尺寸如图 3-210 所示。说明：洗发水瓶壁厚值为 0.6，瓶口螺纹的螺距值为 6、圈数值为 1.5，螺纹牙型为 R1 圆弧。模型下部环状凸起部分为贴标签的位置，图 3-210 中尺寸为中心线尺寸。右下图为截面形状，随引导线变化。要求将最终模型渲染成你喜欢的颜色。

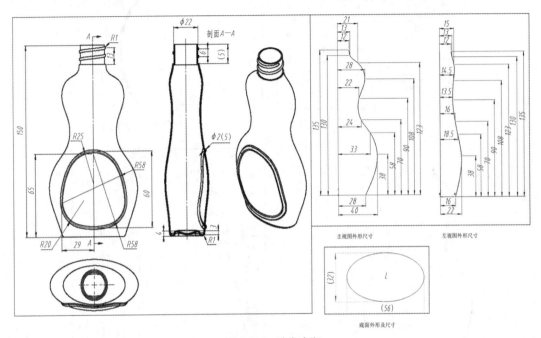

图 3-210　洗发水瓶

此洗发水瓶的瓶身曲面可以用"（可变截面）扫描"或"边界混合"特征工具进行创建，本实例选用边界混合的方法创建瓶身。下面将详细介绍洗发水瓶的建模过程。

1. 创建瓶身的边界混合曲面

① 在功能区中单击"偏移坐标系"创建基准点命令，单击"偏移坐标系基准点"命令，弹出"基准点"对话框。打开坐标系显示开关，在模型树或图形区中选择坐标系 PRT_CSYS_DEF 作为参考，在对话框中输入 9 个点的 x 轴和 y 轴的值（z 轴的值采用默认值 0），如图 3-211 所示，得到 9 个基准点 PNT0、PNT1、……、PNT8。

② 在模型树上选择刚创建的基准点，然后在功能区中选择"基准"组中的 通过点的曲线 创建工具，系统会自动将这 9 个基准点一一连接起来，得到图 3-212 所示的在 FRONT 基准平面上的曲线 1。

③ 以 RIGHT 基准平面作为基准平面，对图 3-212 所示的曲线 1 进行镜像操作，得到图 3-213 所示的曲线 2（以 FRONT 基准平面作为视图方向）。

④ 单击"偏移坐标系基准点"命令，选择坐标系 PRT_CSYS_DEF 作为参考，输入 9 个点的 y 轴和 z 轴的值（x 轴的值采用默认值 0），得到 9 个基准点 PNT9、PNT10、……、PNT17，如图 3-214 所示。

133

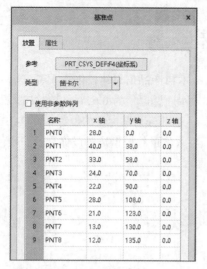

	名称	x轴	y轴	z轴
1	PNT0	28.0		0.0
2	PNT1	40.0	38.0	0.0
3	PNT2	33.0	58.0	0.0
4	PNT3	24.0	70.0	0.0
5	PNT4	22.0	90.0	0.0
6	PNT5	28.0	108.0	0.0
7	PNT6	21.0	123.0	0.0
8	PNT7	13.0	130.0	0.0
9	PNT8	12.0	135.0	0.0

图 3-211　创建基准点 1

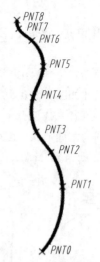

图 3-212　创建曲线

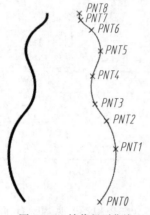

图 3-213　镜像得到曲线

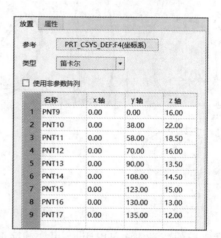

	名称	x轴	y轴	z轴
1	PNT9	0.00	0.00	16.00
2	PNT10	0.00	38.00	22.00
3	PNT11	0.00	58.00	18.50
4	PNT12	0.00	70.00	16.00
5	PNT13	0.00	90.00	13.50
6	PNT14	0.00	108.00	14.50
7	PNT15	0.00	123.00	15.00
8	PNT16	0.00	130.00	13.00
9	PNT17	0.00	135.00	12.00

图 3-214　创建基准点 2

⑤ 在模型树上选择刚创建的基准点，然后在功能区中选择"基准"组中的 ～ 通过点的曲线 创建工具，系统会自动将这 9 个基准点一一连接起来，得到图 3-215 所示的在 RIGHT 基准平面上的曲线 3。

⑥ 以 FRONT 基准平面作为基准平面，对图 3-215 所示的曲线 3 进行镜像操作，得到图 3-216 所示的曲线 4（以 RIGHT 基准平面作为视图方向）。

创建的侧面的 4 条边界曲线如图 3-217 所示。

⑦ 以 TOP 基准平面作为草绘平面，在草绘模式下先通过"参考"激活图 3-217 所示的 4 条边界曲线上的 4 个端点，再用"样条曲线"工具 ～ 连接这 4 个点，形成图 3-218 所示的底部截面。

⑧ 经过图 3-217 所示的 4 条边界曲线上的 4 个端点创建一个新的基准平面 DTM1，以基准平面 DTM1 作为草绘平面，在草绘模式下先使用"参考"工具，激活图 3-218 所示的 4 条边界曲线上的 4 个端点，再用"样条曲线"工具 ～ 连接这 4 个点，形成图 3-219 所示的顶部截面。

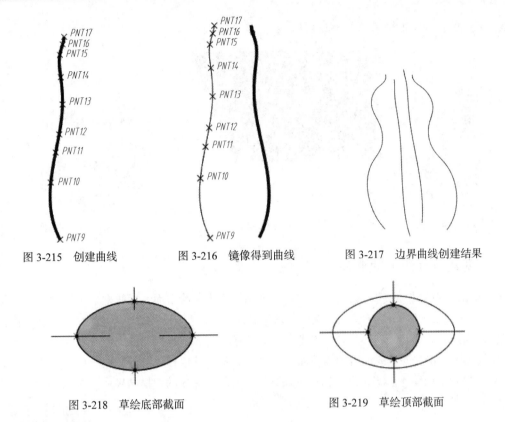

图 3-215 创建曲线   图 3-216 镜像得到曲线   图 3-217 边界曲线创建结果

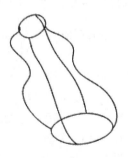

图 3-218 草绘底部截面

图 3-219 草绘顶部截面

创建的两个端面的边界曲线如图 3-220 所示。

⑨ 单击"边界混合"命令 ⚡️，按住"Ctrl"键在图形区中按顺序选择第一方向的 4 条侧面曲线，然后在对应操控板上选择"第二方向曲线"，在图形区中选择第二方向的两条端面曲线，完成边界混合曲面的创建，结果如图 3-221 所示。

图 3-220 两个端面的边界曲线创建结果   图 3-221 边界混合曲面

2. 创建底部边缘的扫描曲面

单击"草绘"命令 ↖，以 TOP 基准平面作为草绘平面，在草绘模式下用"投影"工具 ▭ 投影 激活瓶底的边界线作为扫描轨迹。单击"扫描"命令 🌀 扫描，出现"扫描"操控板，选择"曲面"类型，打开"参考"→"轨迹"列表，选择图 3-222 所示的扫描轨迹。在当前操控板中单击"创建或编辑扫描截面"按钮 🗹，进入草绘模式。以默认的草绘放置点为中心绘制图 3-223 所示的扫描截面 1（箭头所指的一条水平线和一条斜线）。然后打开"选项"面板，勾选"合并端"复

135

选框，完成的扫描特征结果如图 3-224 所示。

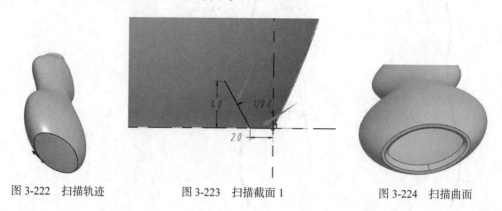

图 3-222　扫描轨迹　　　　图 3-223　扫描截面 1　　　　图 3-224　扫描曲面

3.　创建底部中间的曲面

①　单击"草绘"命令 ，以 FRONT 基准平面作为草绘平面，用线框显示模型，在瓶底绘制图 3-225 所示的扫描轨迹（箭头所指的一段圆弧）。单击"扫描"命令 扫描，出现"扫描"操控板，选择"曲面"类型，打开"参考"→"轨迹"列表，选择图 3-225 所示的扫描轨迹。在当前操控板中单击"创建或编辑扫描截面"按钮 ，进入草绘模式。以默认的草绘放置点为中心绘制图 3-226 所示的扫描截面 2（箭头所指的对称圆弧），完成的扫描结果如图 3-227 所示。

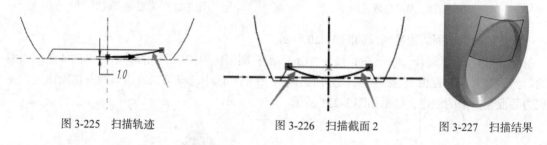

图 3-225　扫描轨迹　　　　图 3-226　扫描截面 2　　　　图 3-227　扫描结果

②　以 RIGHT 基准平面作为镜像平面，对图 3-227 所示的扫描曲面进行镜像操作，结果如图 3-228 所示。

4.　曲面的合并与倒圆角

①　对图 3-228 所示的底部中间两个扫描曲面进行合并，其在模型树上显示为"合并 1"；将之前创建的边界混合曲面（见图 3-221）和底部边缘的扫描曲面（见图 3-224）进行合并，其在模型树上显示为"合并 2"。将模型树上的"合并 1"与"合并 2"两个曲面进行合并，结果如图 3-229 所示，其在模型树上显示为"合并 3"。

图 3-228　镜像结果　　　　图 3-229　合并结果

② 对图 3-230 所示的合并后的曲面底部的 3 条边进行倒圆角操作，圆角半径值为 1，结果如图 3-231 所示。

图 3-230　倒圆角

图 3-231　倒圆角结果

5. 在瓶口处创建旋转曲面并合并

① 单击"旋转"命令 ，以 FRONT 基准平面为草绘平面，在草绘模式下绘制图 3-232 所示的两条线段，并将它们旋转 360°，结果如图 3-233 所示。

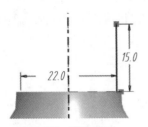

图 3-232　草绘截面

图 3-233　旋转曲面

② 将旋转曲面与模型树上的"合并 3"曲面进行合并，其在模型树上显示为"合并 4"。

6. 创建下部环状凸起的扫描曲面

① 单击"创建基准平面"命令 ，以 FRONT 基准平面为基准平面，向前方平移 45，得到基准平面 DTM2。

② 单击"草绘"命令 ，以基准平面 DTM2 为草绘平面，绘制图 3-234 所示的封闭曲线。其立体视图如图 3-235 所示。

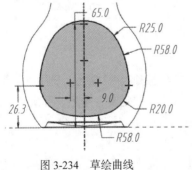

图 3-234　草绘曲线

图 3-235　立体视图

③ 选择该曲线，再单击"编辑"组中的"投影"命令 ，出现"投影"操控板，按住"Ctrl"键选择瓶身前方的两个半曲面，单击"确定"按钮 ，结果如图 3-236 所示。

④ 单击"扫描"命令 扫描，出现"扫描"操控板，选择"曲面"类型，打开"参考"→

"轨迹"列表，选择图 3-236 所示的投影曲线作为轨迹。在当前操控板中单击"创建或编辑扫描截面"按钮 ，进入草绘模式。以默认的草绘放置点为中心绘制图 3-237 所示的扫描截面，完成的扫描特征曲面如图 3-238 所示。

图 3-236　投影结果

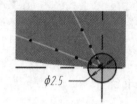

图 3-237　扫描截面

图 3-238　扫描特征曲面

⑤ 将该扫描特征曲面与模型树上的"合并 4"曲面进行合并，其在模型树上显示为"合并 5"。注意箭头方向应如图 3-239 所示，如方向不对，可单击箭头调整。合并后的模型外壳虽然跟之前的看起来一样，但里面多余的部分被去除了。

7. 将曲面加厚

选择刚合并的整个曲面，单击"编辑"组的"加厚"命令，输入薄板实体的厚度值 0.6。注意其加厚方向为朝内。加厚结果如图 3-240 所示。

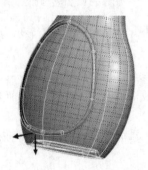

图 3-239　合并方向

图 3-240　加厚结果

8. 创建瓶口处的螺纹

① 在功能区中单击"螺旋扫描"命令 ，在"螺旋扫描"操控板上选择"参考"选项，打开"参考"面板，接着单击"螺旋扫描轮廓"收集器右侧的"定义"按钮，弹出"草绘"对话框。选择 FRONT 基准平面作为草绘平面，绘制图 3-241 所示的轨迹和中心线。

② 在"螺旋扫描"操控板上输入节距（螺距）值 6。

③ 单击"创建或编辑扫描截面"按钮 ，进入二维草绘模式，绘制图 3-242 所示的截面。完成的螺旋扫描特征外部和内部如图 3-243 和图 3-244 所示。

④ 由图 3-244 所示可知，螺纹伸出了瓶口的内壁（图中箭头所指），所以需要对其进行修剪。单击"拉伸"命令 ，以瓶口顶部端面作为草绘平面，在草绘模式下用"投影"工具 激活顶部端面的内圆，将其作为截面，如图 3-245 所示。设置拉伸深度值为 15，方向向下，单击"移

除材料"按钮 ☑，结果如图 3-246 所示。

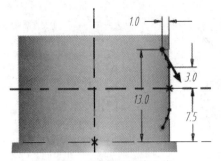

图 3-241　草绘轨迹和中心线

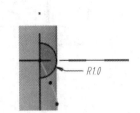

图 3-242　草绘截面

图 3-243　螺旋扫描特征外部

图 3-244　螺旋扫描特征内部

图 3-245　截面

图 3-246　移除结果

【自我评估】练习题

1. 用曲面工具创建图 3-247 所示灯罩的三维模型。

2. 按照图 3-248 所示曲面的形状、三视图和尺寸，进行三维曲面造型。［第三期 CAD 技能二级（三维数字建模师）考题］

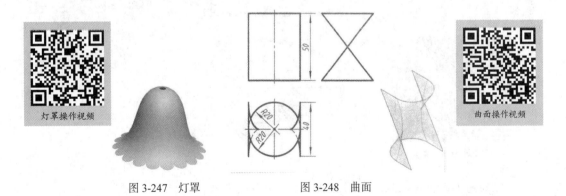

图 3-247　灯罩

图 3-248　曲面

3. 根据图 3-249 所示的曲面的多个正投影图，创建该曲面的三维模型。（全国三维数字建模师第八期考题）

4. 用曲面工具创建图 3-250 所示汤匙的模型。

5. 用曲面工具创建图 3-251 所示肥皂盒的模型，截面尺寸如图 3-251 所示。（2007 年辽宁省赛区三维数字建模大赛考题）

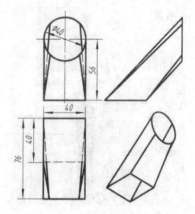

曲面多边形-操作视频

图 3-249　曲面的多个正投影图

肥皂盒操作视频

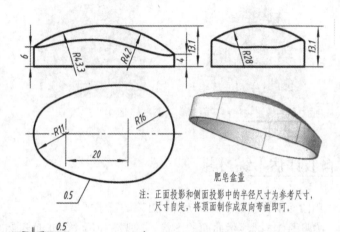

肥皂盒盖

注：正面投影和侧面投影中的半径尺寸为参考尺寸，
尺寸自定，将顶面制作成双向弯曲即可。

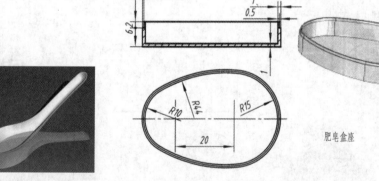

肥皂盒座

图 3-250　汤匙

图 3-251　肥皂盒

6. 用曲面工具创建图 3-252 所示的简易风扇叶片的模型。

7. 按照图 3-253 所示的按钮盖立体图，用曲面工具进行三维曲面造型，并进行渲染（具体尺寸、颜色自定，要求外观美观、图形正确）。（2007 年黑龙江省赛区三维数字建模大赛考题）

8. 用曲面工具创建图 3-254 所示烟斗的模型。

9. 创建图 3-255 所示壳体的三维模型。（第八届"高教杯"全国大学生先进成图技术与产品信息建模创新大赛试题）

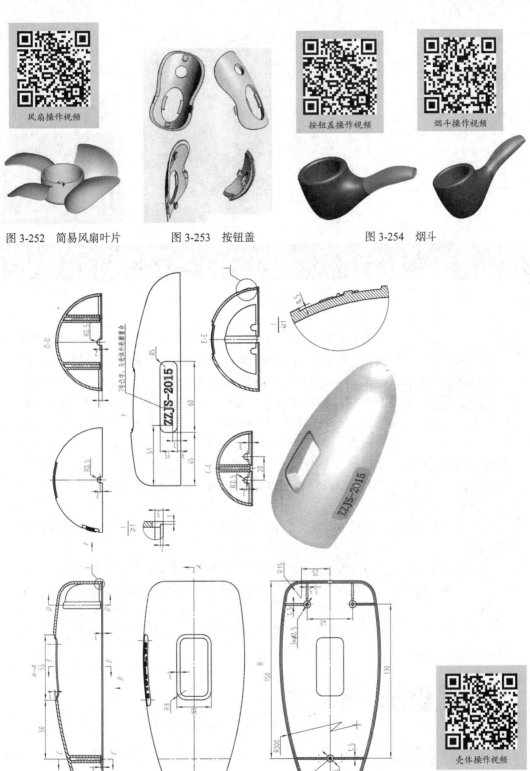

图 3-252　简易风扇叶片　　　图 3-253　按钮盖　　　　　图 3-254　烟斗

图 3-255　壳体

项目 4

装配设计

课程育人

产品设计离不开装配设计。通常一个产品是由一个或多个零件或部件组成的，当所有零件或部件的三维模型创建完成后，需要将这些零件或部件按照一定的约束关系或连接方式组合到一起，以构成一个完整的部件或产品，这就是最基本的传统装配设计。当然，用户也可以在装配过程中新建元件并设计元件特征等。Creo 提供了一个专门的功能强大的"装配"模块，用于将零件和子装配放置在一起以形成装配体，并可对该装配体进行修改、分析或重新定向等。通过对本项目的学习，读者可以了解并掌握零件装配的基本方法和一般流程，以及建立装配体分解视图（爆炸视图）的方法。

本项目学习要点如下。

① 基本装配约束。利用装配约束指定一个元件相对于装配体中其他元件的放置方式和位置。

② 装配体的创建。通过指定各零件之间的装配约束关系来建立装配体。

③ 装配体的编辑。在装配模式中进行零件的修改以及对已定义的装配约束进行修改编辑。

④ 装配爆炸视图。将装配体分离开并生成爆炸视图，以便更清楚地看到装配体内部各零件的详细情况。

任务 4.1 装配设计

【任务学习】

4.1.1 装配模式

装配模型设计与零件模型设计的过程类似，零件模型设计是通过向模型中增加特征完成

式的启动方法：单击"新建"按钮，弹出"新建"对话框，如图4-1所示，在"类型"选项组中选择"装配"单选按钮，在"子类型"选项组选择"设计"单选按钮，在"文件名"文本框中输入装配文件的名称，单击"确定"按钮，进入装配模式工作环境。

图4-1 "新建"对话框

1. 添加新元件的方式

在装配模式下，系统会自动创建 3 个基准平面（ASM_TOP、ASM_RIGHT、ASM_FRONT）与一个坐标系（ASM_DEF_CSYS），它们的使用方法与零件模式相同。在装配模式下，主要操作是添加新元件，添加新元件有两种方式：装配元件和创建元件。

（1）装配元件

在装配模式下，在"模型"选项卡中单击"组装"命令，在弹出的"打开"对话框中选择要装配的零件后，单击"打开"按钮，弹出图4-2所示的"元件放置"操控板，打开"放置"面板，如图4-3所示。对被装配元件设置适当的约束类型后，单击"确定"按钮，完成元件的放置。

图4-2 "元件放置"操控板

图4-3 "放置"面板

（2）创建元件

除了插入已完成的元件进行装配外，还可以在装配模式中创建元件，单击"创建"按钮，弹出"创建元件"对话框，在"类型"选项组中选择"零件"单选按钮，在"子类型"选项组中选择"实体"单选按钮，在"文件名"文本框中输入文件名，直接创建元件文件，如图4-4所示。单击"确定"按钮，打开"创建选项"对话框，如图4-5所示。选择"创建特征"单选按钮，接下来就可以像在零件模式下一样进行各种特征的创建。完成特征以及零件的创建后，仍然可以回到装配模式下定位元件位置以及元件间的相对关系，并进行装配约束设置。Creo使用的是单一数据库，因此当修改组件特征的相关属性时，组件内的零件的相关属性也会自动随之改变。

2. "元件放置"操控板

（1）各个按钮的功能

① "使用界面放置"按钮：使用界面放置元件。

② "手动放置"按钮：手动放置元件。

③ "约束与机构连接转换"按钮：将用户定义集（放置约束）转换为预定义集（机构连接），或反向转换。

④ "约束类型"下拉列表框：在图4-3所示的"放置"面板中打开"约束类型"下拉列表框，如

图4-6所示，该下拉列表框提供适用于选定集的放置约束（简称"约束"）；当用户选择定义的集时，系统提供的默认约束为"自动"类型，但用户可在"约束类型"下拉列表框中更改约束类型。

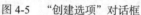

图4-4　"创建元件"对话框　　　图4-5　"创建选项"对话框　　　图4-6　"约束类型"下拉列表框

⑤ "反向"按钮 ⅄：使偏移方向反向（使用约束选项时），或更改预定义约束集的定向（使用预定义约束集时）。

⑥ "CoPilot显示开关"按钮 ⊕：切换CoPilot（3D拖动器）🔥 的显示与关闭。

当在"元件放置"操控板中单击"CoPilot显示开关"按钮时，则在图形区中打开的元件上会显示一个CoPilot（3D拖动器）。此时用户在约束允许的前提下，可以通过操作CoPilot在装配图中平移或者旋转零件。例如按住 CoPilot 的某个选定坐标轴移动可沿着该轴移动零件，而按住CoPilot的圆环移动则可实现绕特定轴旋转零件。

⑦ 状况：显示约束的状况。

⑧ ▣ 按钮（默认）：在当前装配窗口中显示元件，并在定义约束时更新元件。

⑨ ▣ 按钮：定义约束时，在单独的窗口中显示元件。

注意：两个窗口可以同时处于活动状态。

（2）各面板介绍

① "放置"面板，如图4-7所示，在此面板下可以添加元件需要的约束。它主要包含两个区域：导航和约束区域、约束属性区域。前者用于显示集和约束，后者则用于定义约束属性。

② "移动"面板，如图4-8所示，其可以用于移动正在组装的元件，打开此面板时，系统将暂时停止所有其他元件的放置操作。

图4-7　"放置"面板　　　　　　　　图4-8　"移动"面板

"移动"面板下的"运动类型"下拉列表框如图 4-9 所示，用户可根据具体要求进行相关设置。其中各项说明如下。

◆ 定向模式：可对元件进行定向操作。

◆ 平移：可将正在装配的元件沿所选运动参考进行平移。

◆ 旋转：可将正在装配的元件沿所选运动参考进行旋转。

◆ 调整：可将正在装配元件的某个参考图元与装配体的某个参考图元对齐或配对。

③ "选项"面板：仅适用于具有已定义界面的元件，通常情况下为灰色显示，不能使用。

④ "挠性"面板：仅适用于具有已定义挠性的元件，在该面板中选择"可变项"选项，可打开"可变项"对话框，此时元件的放置也将暂停。

⑤ "属性"面板：在该面板的"名称"文本框中可查看元件名称，单击"显示信息"按钮则可在浏览器中显示详细的元件信息。

（3）装配状况显示区介绍

装配状况显示区显示目前的装配状况，如图 4-10 所示。根据零件的装配进程，有 4 种状况随时显示在装配状况显示区中（这 4 种状况只能显示 1 种，不能同时出现）。这 4 种状况包括无约束、部分约束、完全约束（允许系统假设）、约束无效（必须删改约束条件与参考特征）。

图 4-9　"运动类型"下拉列表框　　图 4-10　"元件放置"操控板中装配状况显示区

4.1.2　装配约束条件

使用约束条件来进行元件的装配是最为常用的装配方式，要使用此方式将元件完全定位在装配中，通常需要由用户指定 1～3 个约束条件来约束元件。

定义一个约束条件的操作过程一般是：先在"元件放置"操控板中的"约束类型"下拉列表框中选择约束类型，接着在元件和组件（装配体）中分别选择一个参考，有时还需要设置相应的参数。

1. 约束条件

系统提供的约束条件如表 4-1 所示。详细说明如下。

① 自动约束：根据用户所选择的放置参考，自动确定约束类型，大大地提高了工作效率。

② 距离约束：使元件参考与装配参考间隔一定的距离。约束对象可以是元件中的平整表面、边线、顶点、基准点、基准平面或基准轴，所选对象不必是同类型的，如可以定义一条直线与一个平面之间的距离；当距离值为 0 时，所选对象重合。

③ 角度偏移约束：使元件参考与装配参考呈角度放置，约束对象可以是元件中的平整表面、边线基准平面或基准轴等。

④ 平行约束：使元件参考与装配参考平行，约束对象为平整平面、基准平面、边线或基准轴。

⑤ 重合约束：元件参考与装配参考重合，约束对象可以是平整平面、基准平面、边线、基

准轴、顶点等。

⑥ 法向约束：使元件参考与装配参考垂直放置，约束对象可以是平整平面、基准平面、边线或基准轴。

⑦ 共面约束：约束点与面、点与边、边与面、边与边共面。

⑧ 居中约束：使元件参考与装配参考同心，约束对象一般为圆柱曲面。如果是两圆锥面居中，实质是两圆锥面的顶点、轴线对齐，剩余 1 个旋转自由度；如果是坐标系居中，实质是两坐标系的原点重合，剩余 3 个旋转自由度。

⑨ 相切约束：使元件参考与装配参考相切，约束对象为平面与曲面或曲面与曲面。

⑩ 固定约束：将元件固定在图形区的当前位置。向装配模式中引入第一个元件时，可以采用该约束形式。

⑪ 默认约束：使元件上的默认坐标系与装配模式的默认坐标系对齐。向装配模式中引入第一个元件时，一般采用该约束方式。

表 4-1   系统提供的约束条件

序号	图标	名称	功能用途或说明
1		自动	元件参考相对于装配参考自动放置
2		距离	使元件参考偏移装配参考一定距离
3		角度偏移	以某一角度将元件定位至装配参考
4		平行	将元件参考定位为与装配参考平行
5		重合	将元件参考定位为与装配参考重合
6		法向	将元件参考定位为与装配参考垂直
7		共面	将元件参考定位为与装配参考共面
8		居中	使元件参考与装配参考同心
9		相切	定位两种不同类型的参考，使它们彼此相切，接触点为切点
10		固定	将被移动或封装的元件固定到当前位置
11		默认	用默认的装配坐标系对齐元件坐标系

2. 设定约束条件注意事项

① 在 Creo 装配模式中，不同的约束条件可以达到同样的效果，如选择两平面"重合"与定义两平面的"距离"为 0，均能达到同样的约束目的。

② 选择两平面"重合"与定义两平面的"距离"时，屏幕上出现的平面方向是系统默认的，如果实际的方向与默认方向相反，可单击"反向"按钮进行切换。

③ 给定约束条件时，一次只能给定一个。

④ 给定约束条件时，每个约束条件必须选择两个元素，两个元素的选择顺序对装配结果没

有影响。

⑤ 在进行装配时，大部分的零件需给定两个或者以上的约束条件才能完全约束。

4.1.3 视图的管理

在实际工作中，为了设计方便和提高工作效率，或为了更清晰地了解模型的结构，我们可以建立各种视图，如分解视图、样式视图、定向视图，以及这些视图的组合视图等，这些视图都可以通过"视图管理器"来实现。下面以千斤顶的组件为例来介绍常用视图的创建方法。

1. 分解视图

组件的分解视图也叫爆炸视图，就是将组件中的各个零件沿着直线或轴线移动或旋转，使各个零件从组件中分解出来形成的视图。爆炸视图有助于直观地表达组件内部的组成结构和零件之间的装配关系，常用于装配作业指导、工艺说明、产品说明等环节。

① 单击"视图管理器"命令 ，打开"视图管理器"对话框，选择"分解"选项，切换到"分解"选项卡，如图 4-11 所示。

② 单击"新建"按钮，输入分解视图的名称，也可采用默认的名称，然后单击鼠标右键，弹出分解视图的快捷菜单，选择"编辑位置"选项 ，如图 4-11 中箭头所指。打开"编辑位置"操控板，如图 4-12 所示。下面介绍该操控板上一些选项的功能。

图 4-11　"分解"选项卡

图 4-12　"编辑位置"操控板

 按钮：将零件沿参考进行平移。

 按钮：将零件绕参考进行旋转。

 按钮：将零件沿视图平面平移。

 按钮：创建修饰偏移线。

 按钮：切换选定元件的分解状况。

③ 分解千斤顶的各个元件。在图形区中单击螺杆顶针，系统将弹出图 4-13 所示的坐标系，然后按住鼠标左键不放，上下拖动即可使螺杆顶针沿着 x 轴移动。将螺杆顶针沿 x 轴移动到上方位置，松开鼠标左键，完成螺杆顶针的移动，如图 4-14 所示。必要时可重复上述操作继续移动螺杆顶针，直至移动到合适的位置。

④ 在"编辑位置"操控板上单击"确定"按钮 ✓，完成千斤顶分解视图的创建，结果如图 4-15 所示。

图 4-13　弹出的坐标系　　　图 4-14　螺杆顶针沿 x 轴移动　　　图 4-15　分解视图

⑤ 选择分解视图，然后单击鼠标右键，从弹出的快捷菜单（见图 4-11）中选择"保存"选项，弹出"保存显示元素"对话框，接受默认设置，单击"确定"按钮，完成分解视图的保存，这样分解视图会和模型文件一起保存。

如果不需要显示分解视图，则可在图 4-11 所示的快捷菜单中取消勾选"分解"复选框。

2. 样式视图

在组件中可以将不同元件设置成不同的显示样式，以清楚表达组件的结构和元件之间的装配关系。元件的显示样式分为线框、隐藏线、消隐、着色、带边着色和带放射着色 6 种。

① 打开"视图管理器"对话框，选择"样式"选项，切换到"样式"选项卡，如图 4-16 所示。

② 单击"新建"按钮，输入样式视图的名称，也可直接采用默认的名称，然后按"Enter"键，打开图 4-17 所示的"编辑"对话框，其中"遮蔽"选项卡用来指定要遮蔽的元件，元件被遮蔽后将不会在图形区中显示出来。

图 4-16　"样式"选项卡　　　　　图 4-17　"编辑"对话框

③ 选择"显示"选项，切换到"显示"选项卡，如图 4-18 所示。在该选项卡上选择"透明"，接着在图形区中选择底座零件；在"显示"选项卡上选择"消隐"，接着在图形区中选择调节螺母；在"显示"选项卡上选择"着色"，在图形区中选择螺杆顶针。按上述同样方法，将手柄显示样式设置为"线框"。完成设置后，单击图 4-16 所示的"样式"选项卡下方的"属性"按钮，显示样式状况，如图 4-19 所示。

④ 在"显示"选项卡上单击"确定"按钮 ✓，完成显示样式的设置，结果如图 4-20 所示。

⑤ 系统返回"样式"选项卡。单击"编辑"按钮，选择"保存"选项，打开"保存显示元

素"对话框，接受默认的设置，单击"确定"按钮，完成样式视图的保存。在"视图管理器"对话框中单击"关闭"按钮，完成样式视图的创建。

图 4-18　"显示"选项卡　　　　图 4-19　样式状况　　　　图 4-20　显示样式设置结果

3. 定向视图

定向视图用于将模型或组件以指定的方向进行放置，从而可以方便观察或为将来生成工程图做准备。

打开"视图管理器"对话框，选择"定向"选项，切换到"定向"选项卡，如图 4-21 所示。"名称"列表中列出了已有的视图名称，左侧有红色箭头的视图为当前活动视图，图 4-21 中当前活动视图为"标准方向"。在视图名称上双击，可以将该视图设置为当前活动视图。

单击"新建"按钮，输入视图名称或接受默认的视图名称后按"Enter"键。单击"编辑"按钮，打开下拉列表框，从中选择"重新定义"选项，系统弹出图 4-22 所示的"视图"对话框。

图 4-21　"定向"选项卡　　　　　　图 4-22　"视图"对话框

默认的定向类型为"按参考定向"，即指定两个有效参考的方位来对模型视图定向。例如，将"参考一"的方向设置为"上"，选择底座右边凸台的上端面作为参考，然后将"参考二"的方向设置为"右"，选择底座上定位螺钉孔的右端面作为参考，如图 4-23 所示。定向结果如图 4-24 所示，在"视图"对话框中单击"确定"按钮，系统返回"视图管理器"对话框的"定向"选项卡。在"视图管理器"对话框中单击"确定"按钮，完成定向视图的创建。

也可以在图形区中按住鼠标中键拖动，将视图旋转到合适的角度，如旋转到图 4-25 所示的方向，然后在"视图管理器"对话框的"定向"选项卡上单击"新建"按钮，输入视图名称"View0001"，按"Enter"键将图 4-25 所示的视图命名为"View0001"。

定向视图也可以通过单击功能区中的"已保存方向"中的"重定向"按钮，打开图 4-22 所示的"视图"对话框来实现，这里不再赘述。

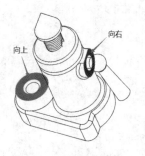
图 4-23　选取定向参照

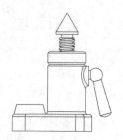
图 4-24　定向结果

图 4-25　旋转视图

【任务实施】

4.1.4　装配设计实例一：齿轮油泵的装配

齿轮油泵装配操作视频

根据图 4-26 所示的齿轮泵装配图，利用配套资源"Chapter4\4.1.4 齿轮泵"文件夹中的子零件，创建齿轮泵装配体，并制作其爆炸视图。（2007 年天津市和山东省三维数字建模大赛试题）

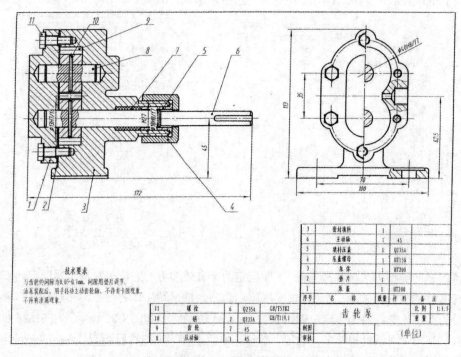
图 4-26　齿轮泵装配图

1. 制作齿轮泵的装配体

（1）设置工作目录

创建一个名为"齿轮泵"的文件夹，启动 Creo，设置该文件夹为工作目录。将配套资源源文件中的子零件复制到工作目录。

（2）创建一个装配体——从动齿轮轴

① 新建一个组件文件，命名为"从动齿轮轴.asm"。

单击"文件"→"新建"命令，在"新建"对话框的"类型"选项组中选择"装配"子类型，采用默认的"设计"，在"文件名"文本框中输入文件名"从动齿轮轴.asm"，单击"确认"按钮，进入装配模式。

② 装配第一个零件——从动轴。

在功能区中单击"组装"按钮 ，弹出"打开"对话框，在文件件列表中选择"08congdongzhu.prt"，单击"打开"按钮。系统自动返回组件工作窗口，并打开"装配"操控板，将"约束类型"设置为"默认"，如图 4-27 所示。

③ 装配第二个零件——齿轮。

单击"组装"按钮 ，打开"09chilun.prt"文件。在"装配"操控板中打开"放置"面板，在"约束类型"下拉列表框中选择"重合"选项。选择元件的孔的曲面，并在组件中选择对应的孔的曲面；然后选择"新建约束"选项，并在"约束类型"中选择"重合"选项，如图 4-28 所示。接着选择元件的内圆柱面，并在组件中选择圆柱面，齿轮装配结果如图 4-29 所示。

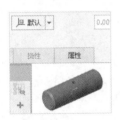

图 4-27 将"约束类型"设置为"默认"

图 4-28 添加"重合"约束

图 4-29 齿轮装配结果

④ 装配第三个零件——销。

单击"组装"按钮 ，弹出"打开"对话框。接着在文件列表中选择"10xiao.prt"，打开该文件，然后在"装配"操控板中打开"放置"面板，在"约束类型"下拉列表框中选择"重合"选项。接着选择元件的中心轴，并在组件中选择中心轴；然后选择"新建约束"选项，并在"约束类型"中选择"重合"选项。接着选择元件的 RIGHT 基准平面，并在组件中选择 ASM_TOP 基准平面，单击"确定"按钮 ，添加元件。销约束参考和装配结果如图 4-30 所示。

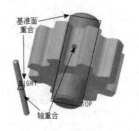

图 4-30 装配销

⑤ 保存当前的组件"asm0001congdongzhou.asm"至工作目录。

（3）创建第二个装配体——主动齿轮轴

① 新建一个组件文件，命名为"asm0002zhudongzhou.asm"。

② 装配第一个零件——主动轴。

单击"组装"按钮，选择打开"06zhudongzhou.prt"文件，将"约束类型"设置为"默认"。

③ 装配第二个零件——齿轮。

单击"组装"按钮，打开"09zhilun.prt"文件。在"装配"操控板中打开"放置"面板，在"约束类型"下拉列表框中选择"重合"选项，选择元件的孔的曲面，并在组件中选择对应的孔的曲面。然后选择"新建约束"选项，并在"约束类型"中选择"重合"选项，接着选择元件的内圆柱面，并在组件中选择圆柱面。约束参考和装配结果如图 4-31 所示。

④ 装配第三个零件——销。

单击"组装"按钮，弹出"打开"对话框。接着选择"10xiao.prt"文件，单击"打开"按钮打开该文件，然后按照上述从动齿轮轴中销的装配方式，完成该销的约束关系设置，其装配结果如图 4-32 所示。

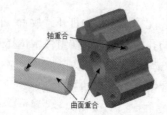

图 4-31 装配齿轮   图 4-32 装配销

⑤ 保存当前组件"asm0002zhudongzhou.asm"至工作目录。

（4）齿轮泵整机的装配

① 新建一个组件文件，命名为"asm0003chilunbeng.asm"。

② 装配泵体。

单击"组装"按钮，选择打开"03bengti.prt"文件，将"约束类型"设置为"默认"。

③ 装配第一个组件——主动齿轮轴。

单击"组装"按钮，打开"asm0002zhudongzhou.asm"文件。在"装配"操控板中打开"放置"面板，在"约束类型"下拉列表框中选择"重合"选项，选择元件的轴的中心线，并在组件中选择对应的孔中心线。然后选择"新建约束"选项，并在"约束类型"中选择"重合"选项，接着选择元件的曲面，并在组件中选择重合的曲面。约束参考和装配结果如图 4-33 所示。

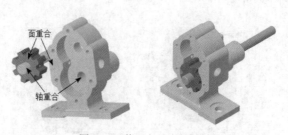

图 4-33 装配主动齿轮轴

④ 装配第二个组件——从动齿轮轴。

单击"组装"按钮 ，打开"asm0002condongzhou.asm"文件。然后在"约束类型"下拉列表框中选择"重合"选项。接着选择元件的圆柱曲面，并在组件中选择重合的曲面，然后选择"新建约束"选项，并在"约束类型"中选择"重合"选项；接着选择元件的齿轮端面，并在组件中选择相应的重合曲面，然后选择"新建约束"选项，并在"约束类型"中选择"相切"选项。接着选择元件的齿轮切面，并选择组件的相切面。约束参考和装配结果如图 4-34 所示。

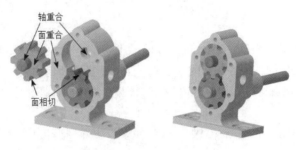

图 4-34　装配从动齿轮轴

⑤ 装配垫片。

单击"组装"按钮 ，打开"02dianpian.prt"文件。在"约束类型"下拉列表框中选择"重合"选项。接着选择元件孔中心线，并在组件中选择孔的中心线，然后选择"新建约束"选项，并在"约束类型"中选择"重合"选项；接着选择元件另一个孔的中心线，并在组件中选择另一个孔的中心线，然后选择"新建约束"选项，并在"约束类型"中选择"重合"选项，接着选择元件的底面，并在组件中选择重合面。约束参考和装配结果如图 4-35 所示。

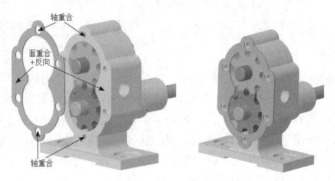

图 4-35　装配垫片

⑥ 装配泵盖。

单击"组装"按钮 ，打开"01benggai.prt"文件。在"约束类型"下拉列表框中选择"重合"选项。接着选择元件孔中心线，并在组件中选择孔的中心线，然后选择"新建约束"选项，并在"约束类型"中选择"重合"选项；接着选择元件另一个孔的中心线，并在组件中选择另一个孔的中心线，然后选择"新建约束"选项，并在"约束类型"中选择"重合"选项。接着选择元件的底面，并在组件中选择重合面。约束参考和装配结果如图 4-36 所示。

图 4-36　装配泵盖

⑦ 装配螺栓。

单击"组装"按钮 ，打开"11uoshuan.prt"文件，在"约束类型"下拉列表框中选择"重合"选项。接着选择元件的轴中心和孔的中心线，然后选择"新建约束"选项，在"约束类型"中选择"重合"选项。接着选择元件的六边形底边，并在组件中选择相应的重合面，单击"确定"按钮 添加元件。约束参考和装配结果如图 4-37 所示。

选择刚装配好的螺栓，单击鼠标右键，选择"重复"选项，把其余 5 个装配完，结果如图 4-38所示。

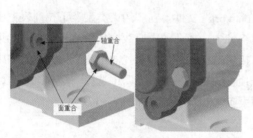

图 4-37　装配螺栓　　　　　　　　　　图 4-38　装配其他螺栓

⑧ 装配密封填料。

设置"06zhudongzhou.prt"为"隐藏"模式，再单击"组装"按钮 ，打开"07mftl.prt"文件。在"约束类型"下拉列表框中选择"重合"选项。接着选择元件孔的中心线，并在组件中选择重合孔的中心线；然后选择"新建约束"选项，并在"约束类型"中选择"相切"选项；接着选择元件的上端面，并在组件中选择相切面，然后选择"新建约束"选项，并在"约束类型"中选择"固定"选项。约束参考和装配结果如图 4-39 所示（为了表达内部的装配关系，这里将模型剖切，右图中箭头所指处为密封填料）。

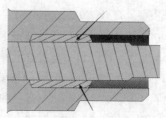

图 4-39　装配密封填料

⑨ 装配填料压盖。

单击"组装"按钮，打开"05tianliaoyagai.prt"文件。在"约束类型"下拉列表框中选择"重合"选项。接着选择元件的孔中心线，并在组件中选择孔中心线；然后选择"新建约束"选项，并在"约束类型"中选择"重合"选项，接着选择元件的底面，并在组件中选择相应的重合面。

重新设置"06zhudongzhou.prt"为"显示"模式，约束参考和装配结果如图 4-40 所示。

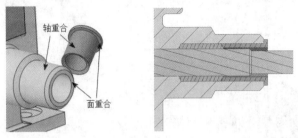

图 4-40　装配填料压盖

⑩ 装配压盖螺母。

单击"组装"按钮，打开"04luomu.prt"文件，在"约束类型"下拉列表框中选择"重合"选项。接着选择元件的孔内壁面，并在组件中选择插入面；然后选择"新建约束"选项，并在"约束类型"中选择"重合"选项。接着选择元件的底面，并在组件中选择相应的匹配面。约束参考和装配结果如图 4-41 所示。

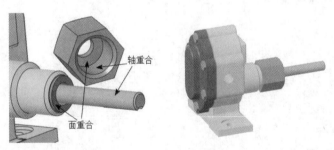

图 4-41　装配压盖螺母

2．制作齿轮泵的爆炸视图

① 打开齿轮泵装配体"asm0003chilunbeng.asm"，单击"视图管理器"按钮，弹出"视图管理器"对话框，切换到"分解"选项卡，新建一个分解视图，并命名为"baozhatu"，按"Enter"键以保存该分解视图，再单击"编辑"按钮，选择"编辑位置"选项，如图 4-42 所示。

② 在图形区中选择需要移动的元件，如图 4-43 所示，元件上会显示线框和其坐标系的 x、y 和 z 轴，分别代表要移动的方向。将鼠标指针放在想向其移动的方向轴上，该轴显示的颜色会变深，此时按住鼠标左键并拖动，所选择的元件就可以沿着该坐标轴移动，在合适的位置松开鼠标左键，即把该元件固定下来了，如图 4-44 所示。

③ 按照上述的方法，将组件的各个部分都分解出来，制作爆炸视图的原则是必须按照组装的顺序进行分解，将所有的组件按照组装的顺序进行分解之后就可以得到图 4-45 所示的视图，即为该组件的爆炸视图，可以将该视图另存为 JPG 格式的图片。

图 4-42　创建分解视图

图 4-43　选择元件

图 4-44　拖动结果

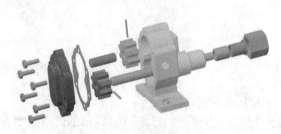

图 4-45　爆炸视图

④　如果想将其保存为分解的工程图，可以新建一个绘图文件，如图 4-46 所示，设置"指定模板"为"空"，如图 4-47 所示。

图 4-46　新建绘图文件

图 4-47　指定模板

⑤　单击"创建普通视图"按钮 ，弹出"选择组合状态"对话框，如图 4-48 所示，选择"无组合状态"选项，接着在图形区空白处单击，则会出现图 4-49 所示的"绘图视图"对话框，选择"比例"选项，输入自定义比例 1。

⑥　选择"视图状态"选项，如图 4-50 所示，勾选"视图中的分解元件"复选框，在"装配分解状态"中选择"BAOZHATU"选项。

⑦　选择"视图显示"选项，如图 4-51 所示，在"显示样式"中选择"消隐"选项 ，得到图 4-52 所示的爆炸视图。

图 4-48　"选择组合状态"对话框

图 4-49　自定义比例

图 4-50　设置视图状态

图 4-51　设置视图显示

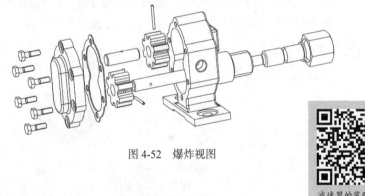

图 4-52　爆炸视图

减速器的装配操作
视频

4.1.5　装配设计实例二：减速器的装配

利用"\Chapter4\4.1.4 减速器"文件夹中的子零件，创建一个名为"reducer.asm"的减速器装配体，结果如图 4-53 所示。（2007 年陕西省赛区三维数字建模大赛试题）

1.　设置工作目录

创建一个文件夹，命名为"减速器"，然后启动 Creo，设置该文件夹为工作目录。直接将配套资源中的装配零件文档复制到工作目录。

2.　创建第一个装配体——滚动轴承"bearing6206"

① 新建一个子装配文件。

单击"文件"→"新建"命令，在"新建"对话框中的"类型"选项组中选择"装配"选项，子类型采用默认的"设计"选项，在"文件名"文本框中输入文件名"bearing6206"，单击"确定"按钮，进入装配模式。

② 装配第一个零件内圈，文件名为"101insidering.prt"。

157

在功能区中单击"组装元件"按钮，弹出"打开"对话框，从文件列表中选择"101insidering.prt"，单击"打开"按钮。系统自动返回组件工作界面，将"约束类型"设置为"默认"，约束状况显示为完全约束，如图 4-54 箭头所示，单击"确定"按钮，完成第一个零件的装配。

图 4-53　减速器装配体

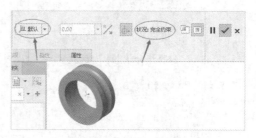

图 4-54　装配第一个零件

③ 装配第二个零件钢球，文件名为"102ball.prt"。

单击"组装元件"按钮，弹出"打开"对话框，从文件列表中选择"102ball.prt"，单击"打开"按钮。系统自动返回组件工作界面，在操控板中打开"放置"面板，在"约束类型"下拉列表框中选择"相切"选项，在图形区中单击选择钢球表面和内圈外侧凹槽球面，系统会在两者之间建立"相切"约束关系；再在"约束类型"下拉列表框中选择"固定"选项，最后单击"确定"按钮，完成第二个零件的装配。结果如图 4-55 所示。

图 4-55　装配第二个零件

④ 单击"阵列"命令，复制钢球。

选择"ball.prt"零件，然后单击"阵列"命令，弹出"阵列"操控板。在"阵列类型"下拉列表框中，选择"轴"选项，然后在图形区中单击选择内圈轴线，以其为中心轴旋转阵列。在"阵列数目"文本框内输入数量值 6，在"阵列成员间角度"文本框内输入 60，"阵列"操控板设置结果如图 4-56 所示。单击"确定"按钮，完成钢球的复制装配。

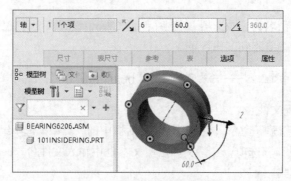

图 4-56　"阵列"操控板设置结果

⑤ 装配最后一个零件外圈,文件名为"103outring.prt"。

采用和步骤③相同的方法,将零件"103outring.prt"添加到装配模式中。在图形区中单击选择内、外圈中心轴线,为零件添加"重合"约束关系,如图 4-57 所示。选择"放置"选项,打开"放置"面板,然后在图形区中单击选择内、外圈前端面,系统会自动添加"重合"约束。单击"确定"按钮 ✓,完成外圈的装配。

至此,完成滚动轴承"bearing6206"的装配,装配结果如图 4-58 所示。保存并关闭文件。

图 4-57 添加"重合"约束关系

图 4-58 滚动轴承装配结果

3. 创建第二个装配体——滚动轴承"bearing6204"

滚动轴承"bearing6204"的装配过程与上述滚动轴承"bearing6206"的完全一样,在此不做过多说明。

4. 主动轴的装配

① 新建一个组件。

单击"文件"→"新建"命令,弹出"新建"对话框,在"类型"选项组中选择"装配"选项,在"文件名"文本框中输入"driveshaft",单击"确定"按钮,进入装配模式。

② 装配第一个零件齿轮轴,文件名为"301gearshaft.prt"。

单击"组装元件"按钮 ,弹出"打开"对话框,从文件列表中选择"301gearshaft.prt",单击"打开"按钮。系统自动返回组件工作界面,设置"约束类型"为"默认",结果如图 4-59 所示。

③ 装配第二个零件挡油环,文件名为"302oilring.prt"。

单击"组装元件"按钮 ,将零件"302oilring.prt"添加到装配模式中。在图形区中单击选择齿轮轴、挡油环中心轴线,添加"重合"约束关系。选择"放置"选项,打开"设置"面板,在"导航收集区"新建约束处单击,添加新的约束关系;然后在图形区中单击选择齿轮轴右侧和挡油环前端面,添加"重合"约

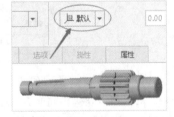
图 4-59 "默认"放置第一个零件

束。添加的约束关系及参考如图 4-60 所示,挡油环的装配结果如图 4-61 所示。

图 4-60 添加"重合"约束关系

图 4-61 第二个零件装配结果

④ 重复装配第二个零件挡油环,文件名为"302oilring.prt"。

在模型树中选择零件"302oilring.prt"，单击鼠标右键，在弹出的快捷菜单中选择"重复"选项，打开"重复元件"对话框，单击选择"可变装配参考"列表中的第一个"重合"，然后单击"添加"按钮，按住"Ctrl+Alt+鼠标中键"组合键，旋转零件至适当位置后松开，然后在图形区中选择图 4-62 中箭头所指的齿轮轴左侧面，系统会根据选择的新组件参考自动添加新元件，参考出现在"放置元件"列表中，结果如图 4-63 所示。

图 4-62　选择新组件参考　　　　　　　图 4-63　重复放置结果

　　⑤ 装配滚动轴承"bearing6204"子装配体，文件名为"bearing6204.asm"。

　　单击"组装"按钮，将子装配体"bearing6204.asm"添加到装配模式中。选择"重合"约束关系，单击轴和轴承中心线，然后打开"放置"面板，在"导航收集区"新建约束处单击，添加新的约束关系。选择"重合"约束关系，然后在图形区中选择之前装配的挡油环外侧面、滚动轴承的端面，如图 4-64 所示。滚动轴承"bearing6204"的装配结果如图 4-65 所示。

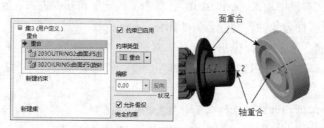

图 4-64　添加"重合"约束关系

　　⑥ 装配另一个滚动轴承"bearing6204"子装配体，文件名为"bearing6204.asm"。

　　采用和步骤④相同的方法，新组件参考选择轴另外一侧挡油环的外侧面，利用"重复"命令重复放置滚动轴承"bearing6204"子装配体，结果如图 4-66 所示。

图 4-65　滚动轴承"bearing6204"子装配体的装配结果　　　图 4-66　重复放置滚动轴承"bearing6204"子装配体结果

　　⑦ 装配端盖，文件名为"305duangai.ai2.prt"。

　　采用和步骤③完全相同的方法装配端盖，添加的约束关系及参考如图 4-67 所示。

至此，完成主动轴的装配，装配结果如图 4-68 所示。保存并关闭文件。

图 4-67　装配端盖的约束关系　　　　　　　图 4-68　端盖装配结果

5. 从动轴的装配

从动轴的装配过程与主动轴的基本类似，在此对装配过程简单介绍。

① 新建一个组件文件。

单击"文件"→"新建"命令，弹出"新建"对话框，在"类型"选项组中选择"装配"选项，在"文件名"文本框中输入"positiveshaft"，单击"确定"按钮，进入装配模式。

② 装配第一个零件从动轴，文件名为"shaft.prt"。

单击"组装元件"按钮，弹出"打开"对话框，从文件列表中选择"shaft.prt"，单击"打开"按钮。系统自动返回组件工作界面，设置"约束类型"为"默认"，结果如图 4-69 所示。

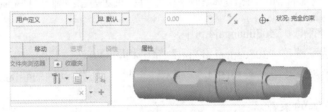

图 4-69　"默认"放置第一个零件从动轴

③ 装配第二个零件键，文件名为"402jian.part"。

添加的约束关系及参考如图 4-70 所示。

④ 装配第三个零件齿轮，文件名为"403gear.prt"。

添加的约束关系及参考如图 4-71 所示，装配结果如图 4-72 所示。

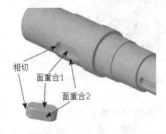

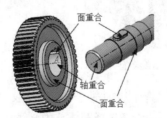

图 4-70　添加"重合"和"相切"约束关系　　图 4-71　添加"重合"约束关系　　图 4-72　齿轮装配结果

⑤ 装配第四个零件套筒，文件名为"404taotong.prt"。

添加的约束关系及参考如图 4-73 所示，装配结果如图 4-74 所示。

⑥ 装配滚动轴承"bearing6206"子装配体，文件名为"bearing6206.asm"。

装配方法跟前面所述滚动轴承"bearing6204"的一样，装配的约束关系为轴重合和面重合，轴重合参考为轴承和轴的中心线，面重合参考为上步添加的套筒端面和轴承端面。装配结果如图 4-75 所示。

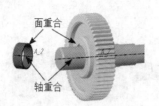

图 4-73　添加"重合"约束关系

图 4-74　套筒装配结果

⑦ 装配另一个滚动轴承"bearing6206"子装配体。

采用和主动轴装配步骤⑥中重复装配滚动轴承"bearing6204"的相同方法，新组件参考选择图 4-75 所示的轴肩侧面，利用"重复"命令重复放置滚动轴承"bearing6204"子装配体，结果如图 4-76 所示。

图 4-75　装配滚动轴承"bearing6206"子装配体结果

图 4-76　重复放置滚动轴承"bearing6206"子装配体结果

⑧ 装配端盖，名称为"407duangai4.prt"。

采用和主动轴装配端盖"305dangai.ai2.prt"完全相同的方法，装配端盖"407duangai4.prt"，添加"重合"约束关系，装配结果如图 4-77 所示。至此，完成主动轴的装配。

6. 减速器整体的装配

① 新建一个组件，命名为"reducer"，进入装配模式。

② 添加第一个装配零件下箱体，文件名为"501downbox.prt"。以"默认"方式放置，结果如图 4-78 所示。

图 4-77　端盖装配结果

图 4-78　"默认"放置第一个零件下箱体

③ 添加装配第二个装配零件主动轴子装配体，文件名为"driveshaft.asm"。

添加"重合"约束关系，参考选择箱体孔中心线和轴中心线；添加"重合"约束关系，参考如图 4-79 所示。装配结果如图 4-80 所示。

④ 装配齿轮端部调整环，文件名为"503adjustring.prt"。

添加"重合"约束关系，装配结果如图 4-81 所示。

⑤ 装配轴承端盖，文件名为"504duangai.prt"。

添加"重合"约束关系，装配结果如图 4-82 所示。

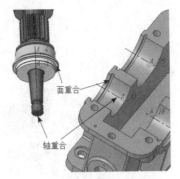

图 4-79 约束关系及参考

图 4-80 主动轴子装配体装配结果

图 4-81 齿轮端部调整环装配结果

图 4-82 轴承端盖装配结果

⑥ 装配从动轴子装配体，文件名为 "positivegear.asm"。

添加 "重合" 约束关系，参考选择箱体孔中心线和从动轴中心线；添加 "重合" 约束关系，参考为图 4-83 所示的两侧面；添加 "相切" 约束关系，参考为图 4-83 所示的两齿轮的齿面。装配结果如图 4-84 所示。

⑦ 重复步骤④、步骤⑤装配调整环（文件名为 "506adjustring.prt"）和轴承端盖（文件名为 "507duangai.prt"），装配结果如图 4-85 所示。

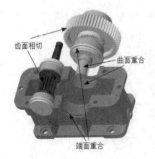

图 4-83 约束关系及参考　　　图 4-84 从动轴子装配体装配结果　　　图 4-85 调整环和轴承端盖装配结果

⑧ 装配上箱体，文件名为 "topbox.prt"，上箱体与下箱体之间的装配约束关系如图 4-86 所示，装配结果如图 4-87 所示。

⑨ 装配销，文件名为 "509pin.prt"。

将零件 "509pin.prt" 添加到装配模式中。在图形区中单击选择上箱体孔的内壁曲面和销的曲面，系统会自动为元件添加 "重合" 约束关系，使得两零件的中心轴线对齐。选择 "放置" 选项，打开 "放置" 面板，在 "导航收集区" 新建约束处单击，添加新的约束关系，然后单击功能区中的 "创建基准点" 命令 ，在图形区中单击选择上箱体孔的上表面边线上的一点，单击 "确定" 按钮，返回约束设置面板，再选择销的曲面，系统会自动添加 "曲面上的一点" 约束。添加的约

束关系及参考如图 4-88 所示，装配结果如图 4-89 所示。

轴重合

定向

面重合

图 4-86　上箱体与下箱体之间的装配约束关系

图 4-87　上箱体装配结果

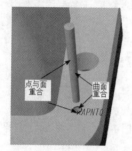

点与面重合　曲面重合

图 4-88　约束关系及参考

图 4-89　销装配结果

⑩ 装配 M8 螺栓，文件名为"510bolt_M8-70.prt"。

装配约束关系为"重合"，轴重合参考为 M8 螺栓中心线和孔中心线，面重合参考为螺栓和沉头底面。装配结果如图 4-90 所示。

⑪ 采用与前面步骤相同的方法装配与 M8 螺栓配对的垫圈和螺母，名称分别为"511washer.prt"和"512nut_M8.prt"。装配结果如图 4-91 所示（为了方便查看内部零件，可以把外壳透明化：先选择上箱体和下箱体，再单击"视图"→"显示样式"→"透明"命令）

图 4-90　M8 螺栓装配结果

图 4-91　垫圈和螺母装配结果

⑫ 利用"组"命令将 M8 螺栓、垫圈和螺母创建成局部组。

按住"Shift"键在模型树中选择之前装配的零件"510bolt_M8-70.prt"和"511washer.prt"、"512nut_M8.prt"，如图 4-92 所示，从弹出的快捷菜单中选择"分组"选项，完成局部组的创建，结果如图 4-93 所示。

⑬ 单击"阵列"命令，复制刚创建的局部组。

从模型树中选择刚创建的局部组，单击"阵列"命令田，系统会根据装配关系自动设置"参考"模型阵列，如图 4-94 所示。单击"确定"按钮，完成局部组的复制，结果如图 4-95 所示。

至此，完成减速器主要零件的装配，其他零件的装配过程与上述步骤基本相似，在此就不做过多说明。

图 4-92　选择零件

图 4-93　创建结果

图 4-94　设置"参考"模型阵列

图 4-95　阵列结果

　　最后需要说明的是，在装配过程中调整装配零件位置的具体方法是：在装配的同时按住"Ctrl"键、"Alt"键及鼠标中键，即可旋转零件；按住"Ctrl"键、"Alt"键及鼠标右键，即可移动零件。另外，零件装配完毕后，使用"视图"→"外观"命令为零件设定不同颜色并编辑，可改变其颜色和透明度，使零件易于区分。

【自我评估】练习题

　　1. 根据图 4-96 所示的球阀的装配图，把 12 个零件实体装配成球阀的装配体，并生成爆炸视图，拆卸顺序应与装配顺序相匹配。（第七期三维数字建模师考题）

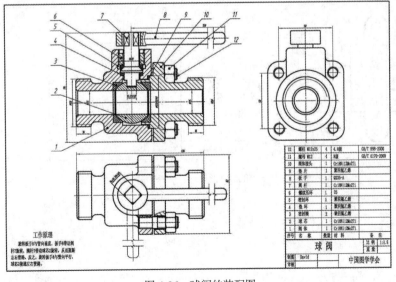

球阀装配操作视频

图 4-96　球阀的装配图

2. 根据图 4-97 所示的法兰夹具的装配图，把 11 个零件实体装配成法兰夹具的装配体，并生成爆炸视图，拆卸顺序应与装配顺序相匹配。（第五期三维数字建模师考题）

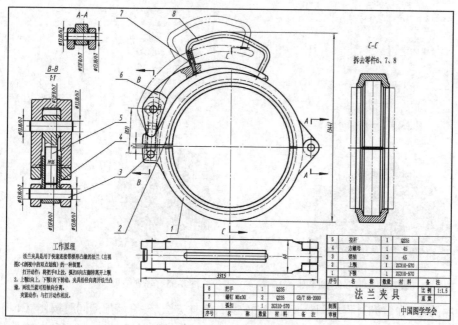

法兰夹操作
视频

图 4-97　法兰夹具的装配图

3. 根据如图 4-98 所示的机用虎钳的装配图，把 11 个零件实体装配成机用虎钳的装配体，并生成爆炸视图，拆卸顺序应与装配顺序相匹配。（第十期高级三维数字建模师考题）

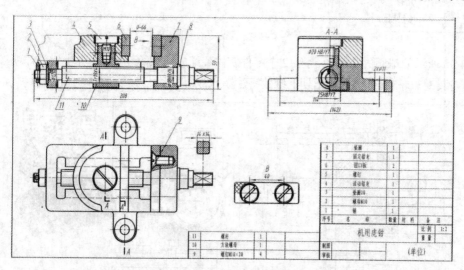

机用虎钳操作
视频

图 4-98　机用虎钳的装配图

工程图是指导生产的重要技术文件，也是进行技术交流的重要媒介，是工程技术界的"共同语言"。Creo 不但具有强大的三维造型功能，还具有非常完善的创建工程图的功能。在 Creo 中创建的工程图与其三维模型是全相关的，3D 模型的修改会实时反馈到工程图上，工程图的尺寸改变也会使 3D 模型自动更新。另外在 Creo 中创建的工程图还能与其他二维 CAD 软件进行数据交换。

课程育人

一张完整的工程图一般应包括必要的视图、注释（包括尺寸标注、技术要求等）、图框、标题栏等。本项目主要介绍常用视图的创建方法和注释的创建方法。

任务 5.1　创建工程图

【任务学习】

5.1.1　进入工程图界面

单击"新建"按钮，打开"新建"对话框，选择"绘图"单选按钮，在"文件名"文本框中输入文件名或者直接采用默认的文件名，如图 5-1 所示。单击"确定"按钮，打开图 5-2 所示的"新建绘图"对话框，该对话框用于设置工程图模板。

1. "默认模型"

"默认模型"用来指定与工程图相关联的 3D 模型文件。当已经打开一个零件或组件时，系统会自动获取这个模型文件作为默认选项；如果同时打开了多个零件和组件，系统则会以最后激活的零件或组件作为模型文件；如果没有打开任何零件和组件，用户可以单击"浏览"按钮选择要创建工程图的模型文件。如果没有选择模型文件，在用户创建第一个视图时，系统会自动打开选择模型文件的对话框，要求用户选择模型文件。

图 5-1　"新建"对话框

图 5-2　"新建绘图"对话框

2. 指定模板

"指定模板"选项组共有以下 3 个选项。

① "使用模板"选项。选择该选项后，如图 5-3 所示，"新建绘图"对话框下方会出现模板列表供用户选择。单击"确定"按钮后，系统会自动创建工程图，其中包含 3 个视图：主视图、仰视图和侧视图。该选项要求选择模型文件后才能单击"确定"按钮。

② "格式为空"选项。选择该选项后，如图 5-4 所示，"新建绘图"对话框下方会出现"格式"选项，用户可以单击"浏览"按钮选择其他的格式文件，也可以调用之前创建好的格式文件，即在工程图上加入图框，包括工程图的图框、标题栏等。但是系统不会自动创建视图，该选项也要求选择模型文件后才能单击"确定"按钮。

图 5-3　选择"使用模板"选项后

图 5-4　选择"格式为空"选项后

③ "空"选项。该选项为默认选项，选择该选项时"新建绘图"对话框如图 5-2 所示，其下方

有"方向"和"大小"两个选项,其中"方向"用来设置图纸的摆放方向,"大小"用来设置图纸的大小,包括标准大小和自定义大小。只有当"方向"选项为"可变"时,才可以自定义图纸大小。

完成设置后,在"新建绘图"对话框中单击"确定"按钮,系统自动进入工程图界面并创建一张没有图框和视图的空白工程图,如图 5-5 所示。

图 5-5 工程图界面

Creo 将工程图制作的很多功能都集中在功能区的选项卡中,分别是"布局""表""注释""草绘""继承迁移""分析""审阅""工具""视图""框架"选项卡,默认选项卡为"布局"选项卡,如图 5-6 所示。

图 5-6 "布局"选项卡

5.1.2 设置工程图绘图环境

工程图需要遵循一定的规范标准,在不同的国家或地区,这些标准规范可能会不一致。在 Creo 中,用户可以通过设置工程图的绘图环境来设置这些规范相关参数,如箭头的样式、文字大小、绘图单位、投影的视角等。

设置工程图绘图环境的方法如下。

① 将 GB 2312—1980《信息交换用汉字编码字符集》仿宋 simfang、长仿宋 ChangFangSong、ISOCP2 这 3 种字体复制到软件安装路径下的 fonts 文件夹中,如"C:\ProgramFiles\PTC\Creo5.0.0.0\CommonFiles\text\fonts"中。

② 新建工程图的时候,应单击"文件"→"准备"→"绘图属性"命令,单击"详细信息选项"旁边的"更改"按钮,打开"选项"对话框,然后单击"打开"命令 🖰,打开"打开"对话框,如图 5-7 所示。选择系统自带的配置文件"cns_cn.dtl",打开图 5-8 所示的"选项"对话框,在列表中选择需要修改的选项。然后在下面的"值"文本框中输入或者选择选项值。单击"添加/更改"按钮,确认该项设置。修改好配置文件后,单击"保存"按钮 🖫,将其保存在自己的文件

夹中，后面随时可以再次调用。最后，还要单击"应用"按钮和"关闭"按钮退出对话框。

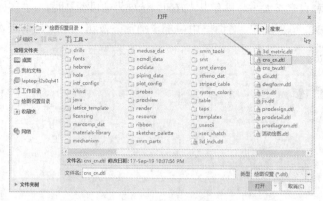

图 5-7 "打开"对话框

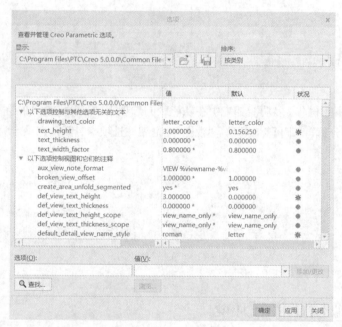

图 5-8 "选项"对话框

工程图绘图环境的常用选项及其作用如表 5-1 所示。

表 5-1 工程图绘图环境的常用选项及其作用

选项	值	作用
drawing_text_height	3.00000	工程图文字的字高，一般为 3.5
text_thickness	0.00	文字笔画宽度
text_width_factor	0.8	文字宽高比
projection_type	third_angle/first_angle	投影视角为第三或第一视角（我国采用第一视角 first_angle）
line_style_standard	std_ansi*/std_iso	将样条的线（局部剖面的边界线）设置为 std_iso，线条显示为黄色，代表细实线
drawing_units	inch/foot/mm/cm/m	绘图使用的单位（公制单位为 mm）

5.1.3 创建工程图视图

在 Creo 中，用户可以创建各种工程图视图，如投影视图、辅助视图、局部剖视图和轴测视图等。下面通过具体实例介绍这些常用视图的创建方法。

1. 普通视图与投影视图

当工程图的模板为"空"时，创建的第一个视图只能是普通视图。普通视图是其他视图（如投影视图、局部视图等）的基础，也可以是单独存在的视图。

现以千斤顶底座零件为例创建图 5-9 所示的视图。

（1）创建文件夹

在硬盘上创建一个文件夹，命名为"get"，将该文件夹设置为工作目录。

（2）将配套资源中对应的三维模型文件复制到工作目录。

（3）创建工程图文件

单击"文件"→"新建"命令，在"新建"对话框中设置类型为"绘图"，然后输入文件名"get1"。工程图的文件名与模型文件名可以相同，也可以不相同。默认模型为"dizuo.prt"，模板为"空"，图纸方向为"横向"，大小为"A4"。进入工程图工作界面。

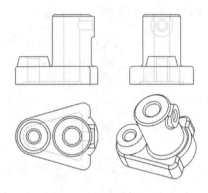

图 5-9 普通视图与投影视图

（4）创建普通视图作为主视图

① 在"布局"选项卡中单击"创建普通视图"工具 ，或在图形区空白处单击鼠标右键，从快捷菜单中选择"普通视图"选项。

② 系统将提示"选取绘制视图的中心点"，在图形区适当位置单击以确定视图放置位置，系统会在单击位置放置三维模型，如图 5-10 所示，并打开"绘图视图"对话框，如图 5-11 所示。

图 5-10 三维模型

图 5-11 "绘图视图"对话框

③ 将"模型视图名"选择为"FRONT"，或者在"视图方向"选项组中将定向方法设置为"几何参考"，然后选择让 FRONT 基准平面向前，TOP 基准平面向上，如图 5-12 所示。定向结果如

图 5-13 所示（关闭了基准特征的显示）。

图 5-12 "视图方向"选项组

图 5-13 定向结果

④ 在"绘图视图"对话框的"类别"列表中选择"视图显示"选项，将"显示样式"设置为"隐藏线"，将"相切边显示样式"设置为"无"，如图 5-14 所示，单击"确定"按钮，完成主视图的创建，结果如图 5-15 所示。

图 5-14 "绘图视图"对话框

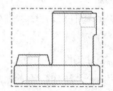

图 5-15 主视图

视图外面的红框表示该视图处于激活状态，在红框外空白处单击，可以取消激活当前视图，红框消失；再单击视图，视图又被激活，红框出现。视图激活时，单击鼠标右键，弹出图 5-16 所示的快捷菜单，在快捷菜单中取消选择"锁定视图移动"，然后在视图上按住鼠标左键，可以移动当前视图。在左键菜单中选择"属性"，又可以重新打开"绘图视图"对话框。在视图上双击也可以打开"绘图视图"对话框。

（5）创建投影视图

① 单击"投影视图"工具，再单击主视图，然后在主视图下面的适当位置单击，会出现图 5-17 所示的俯视图（着色显示），然后双击该视图，打开"绘图视图"对话框，将"显示样式"设置为"隐藏线"，将"相切边显示样式"设置为"无"，完成的俯视图如图 5-18 左下方所示。

图 5-16 快捷菜单

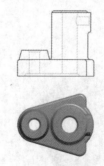

图 5-17 创建俯视图

② 单击"投影视图"工具，单击主视图，接着在主视图右边的适当位置单击，创建左视图。将"显示样式"设置为"隐藏线"，将"相切边显示样式"设置为"无"，结果如图 5-18 右上方所示。

（6）创建普通视图作为轴测图

从主菜单中选择"普通视图"，然后在图形区右下角的适当位置单击以放置视图，在"绘图视图"对话框的"视图方向"中选择"默认方向"，将"显示样式"设置为"消隐"，将"相切边显示样式"设置为"实线"。

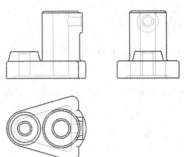

图 5-18　创建轴测图

2. 全剖视图、半剖视图、局部剖视图与 3D 剖视图

剖视图可以直观表达零部件的内部结构，是一种常用的视图，这里还是以千斤顶底座为例来介绍全剖视图、半剖视图、局部剖视图和 3D 剖视图的创建方法。

（1）将主视图改为全剖视图

① 双击主视图，打开"绘图视图"对话框，在"类别"列表中选择"截面"选项，然后选择"2D 横截面"选项。

② 单击"添加横截面"按钮 ✚，弹出图 5-19 所示的"横截面创建"菜单，采用默认的设置，单击"完成"按钮。系统将出现"输入剖面名"文本框，输入名称"A"并按"Enter"键，弹出图 5-20 所示"设置平面"菜单，在其中一个视图上选择 FRONT 基准平面（也可以在模型树上选择），结果如图 5-21 所示，在"绘图视图"对话框中单击"应用"按钮。

图 5-19　"横截面创建"菜单　　　　　图 5-20　"设置平面"菜单

③ 将"显示样式"设置为"消隐"，将"相切边显示样式"设置为"无"，如图 5-22 所示，完成全剖视图的创建，结果如图 5-23 所示。

图 5-21　截面选项　　　　图 5-22　视图显示选项　　　　图 5-23　全剖视图

（2）将左视图修改为半剖视图

① 双击左视图，打开"绘图视图"对话框，在"类别"列表中选择"截面"选项，然后选择"2D 横截面"选项。

② 单击"添加剖截面"按钮 ✚，"绘图视图"对话框的"名称"下面会显示已有的横截面，单击"新建…"按钮，弹出"横截面创建"菜单，单击"完成"按钮。系统将出现"输入剖面名"

文本框，输入名称"B"并按"Enter"键，弹出"设置平面"菜单，选择 RIGHT 基准平面作为横截面，在"绘图视图"对话框中将"剖切区域"设置为"半倍"，系统会提示为半截面选取参考平面，选择 FRONT 基准平面作为参考平面。接着系统会提示选取剖切侧，并在左视图上出现箭头表示剖切侧，如图 5-24 所示。如果要改变剖切侧，则在参考平面的另一侧单击即可。"绘图视图"对话框如图 5-25 所示，单击"应用"按钮。

③ 将"显示样式"设置为"消隐"，完成半剖视图的创建，结果如图 5-26 所示。

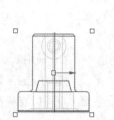

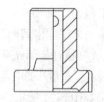

图 5-24　用箭头表示剖切侧　　　图 5-25　"绘图视图"对话框　　　图 5-26　半剖视图

（3）将俯视图修改为局部剖视图

① 双击俯视图，打开"绘图视图"对话框，在"类别"列表中选择"截面"选项，然后选择"2D 横截面"选项。

② 单击"添加剖截面"按钮 ✚，单击"新建..."按钮，弹出"横截面创建"菜单，单击"完成"按钮，系统会出现"输入剖面名"文本框，输入名称"C"并按"Enter"键。

③ 系统弹出图 5-27 所示的"设置平面"菜单，选择"产生基准"选项，弹出"基准平面"菜单，选择"偏移"选项，如图 5-28 所示。选择 TOP 基准平面作为偏移平面，系统弹出图 5-29 所示的"偏移"菜单，选择"通过点"选项，在图形区中单击图 5-30 所示的主视图箭头所指处，表示剖面经过此处并与 TOP 基准平面平行。然后在"基准平面"菜单中单击"完成"按钮，系统自动将创建的基准平面作为剖切平面。

图 5-27　"设置平面"菜单　　　图 5-28　"基准平面"菜单

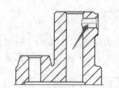

图 5-29　"偏移"菜单　　　图 5-30　设置"通过点"

④ 返回"绘图视图"对话框，将"剖切区域"设置为"完整"，再单击"应用"按钮，显示出断面。然后将"剖切区域"改为"局部"，系统将提示选取局部剖视图的中心点。在图 5-31 所示的十字叉处单击一点，作为该剖切区域中心点的标记；然后在中心点周围单击一些点（最少 3 个点），接着单击鼠标中键，系统会自动经过这些点创建一条封闭的样条曲线作为局部剖视图的边界，如图 5-31 所示。在"绘图视图"对话框中单击"应用"按钮。

⑤ 将"显示样式"设置为"消隐"，完成局部剖视图的创建，结果如图 5-32 所示。

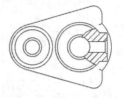

图 5-31　局部剖视图的中心点和边界　　　　图 5-32　局部剖视图

（4）将轴测图修改为 3D 剖视图

创建 3D 剖视图须先在零件模式下创建三维剖面。

① 单击"文件"→"打开"命令，选择"dizuo.prt"文件，进入零件模式。

② 单击"视图管理器"按钮 ，打开"视图管理器"对话框，切换到"截面"选项卡。

③ 选择"新建"→"偏移"选项，如图 5-33 所示。输入截面名称"D"并按"Enter"键，弹出"横截面创建"操控板，选择"区域"选项，弹出图 5-34 所示"横截面创建"操控板，单击"草绘"→"定义"按钮，选择 TOP 基准平面作为草绘平面，在图形区草绘图 5-35 所示的两条线段。完成横截面的创建，结果如图 5-36 所示。如果方向不正确，可以在"横截面创建"操控板上单击"反向"按钮 ，改变方向。

图 5-33　"截面"选项卡　　　　　图 5-34　"横截面创建"操控板

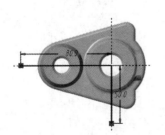

图 5-35　草绘截面　　　　　　图 5-36　横截面的创建结果

④ 单击"已保存方向" 按钮和"重定向"按钮 ，打开"重定向"对话框，在该对话框上单击"新建"按钮，输入视图名称"V1"并保存，将当前的视图方向命名为"V1"。

⑤ 选择功能区中的"视图"→"窗口"命令，然后选择工程图文件名，把工作界面切换到工程图模式。

⑥ 双击轴测图，打开"绘图视图"对话框。将"模型视图名"设置为"V1"，如图 5-37 所示，单击"应用"按钮。

⑦ 在"绘图视图"对话框中的"类别"列表中选择"截面"选项，然后选择"3D 剖面"选项，其右侧的文本框中会显示出剖面名称"D"。如果有多个 3D 剖截面，可以从中选择一个。在"绘图视图"对话框中单击"确定"按钮，完成 3D 剖视图的创建，结果如图 5-38 所示。

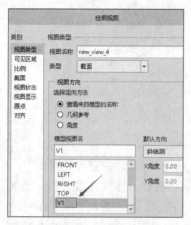

图 5-37　设置"模型视图名"

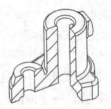

图 5-38　3D 剖视图

（5）修改剖面线，统一各视图的剖面线

① 在各个视图上双击剖面线，可以打开图 5-39 所示的"修改剖面线"菜单。其中"间距"用来改变剖面线之间的距离（即修改剖面线的疏密程度），"角度"用来修改剖面线的倾斜角度。

② 在该菜单上选择"角度"选项，菜单下方会弹出图 5-40 所示的"修改模式"菜单，选择角度"45"，即可完成剖面线角度的修改。

图 5-39　"修改剖面线"菜单

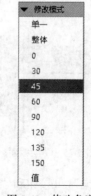

图 5-40　修改角度

③ 在"修改剖面线"菜单上选择"间距"选项，打开图 5-41 所示的"修改模式"菜单，设置"值"为 3，使剖面线更密，完成剖面线的修改。

（6）删除截面注释

切换到"注释"选项卡，在图形区中选择注释文本，然后按"Delete"键即可将其删除，结果如图 5-42 所示。

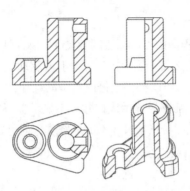

图 5-41　修改间距　　　　图 5-42　修改剖面线和删除注释后的视图

5.1.4　基准轴的创建

在"注释"选项卡"注释"区域内单击"显示模型注释"按钮，系统将弹出"显示模型注释"对话框，如图 5-43 所示。单击"基准特征显示"按钮，然后在图形区中选择主视图，再在"显示模型注释"对话框中单击"全选"按钮，显示出所有基准轴，单击"应用"按钮，主视图显示结果如图 5-44 所示。按照这种方法继续创建出其余视图的基准轴。单击"确定"按钮，退出"显示模型注释"对话框。然后在各视图上把多余的基准轴删除，把不够长的基准轴拉长，调整好各基准轴。

工程图除了可以保存为".drw"格式外，还可以另存为 PDF 文档，以便清晰地显示出不同的线型并发布。PDF 格式导出的图形如图 5-45 所示，适合打印。

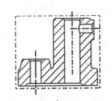

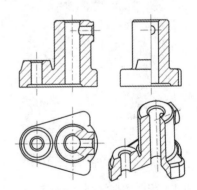

图 5-43　"显示模型注释"对话框　　图 5-44　主视图的基准轴　　　图 5-45　导出为 PDF 的视图

5.1.5　工程图的标注

Creo 中，工程图的标注功能（包括尺寸标注和添加注释等）都集中在"注释"选项卡中。在工程图界面左上方选择"注释"选项，可切换到"注释"选项卡，如图 5-46 所示。

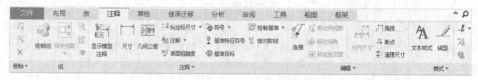

图 5-46　"注释"选项卡

在 Creo 工程图中可以标注两种尺寸，一种是驱动尺寸，另一种是从动尺寸。驱动尺寸的标注是指将模型的定义尺寸显示在工程图上。驱动尺寸能被修改，并且所做的修改会实时反映到 3D 模型上。同样，在 3D 模型上修改模型的尺寸，工程图上的相应尺寸也会随之变化。驱动尺寸不能被删除，但是能够被显示或拭除（不显示）。从动尺寸是用户根据需要人为添加的尺寸，这些尺寸不能驱动模型。从动尺寸不能被修改，但可以被覆盖，也可以被删除。

1．驱动尺寸的标注

驱动尺寸的标注通过"显示模型注释"按钮来实现。单击该按钮，可打开图 5-47 所示的对话框，该对话框中共有尺寸、几何公差或形位公差、注释、表面粗糙度、符号和基准 6 个选项卡，默认为"尺寸"选项卡。在"尺寸"选项卡上单击"类型"右侧的下拉按钮，可以打开图 5-47 所示"类型"下拉列表框，用于选择标注的尺寸类型。驱动尺寸可以按视图、特征或元件（当模型为组件时）的方式来标注。

驱动尺寸公差的显示以及其显示形式，由配置文件中的"tol_display"和"tol_mode"控制，其中"tol_display"用于控制是否显示公差，"tol_mode"用于控制公差的显示类型，它们只对驱动尺寸起作用。在工程图中标注驱动尺寸之前，先要对这两个选项进行设置，可单击"文件"→"准备"→"绘图属性"命令，单击"详细信息选项"右侧的"更改"按钮，打开"选项"对话框来进行设置。

下面以千斤顶的定位螺钉为例来介绍驱动尺寸的标注方法。定位螺钉的工程图如图 5-48 所示（本实例显示的均为 PDF 格式的图形）。

图 5-47　"显示模型注释"对话框

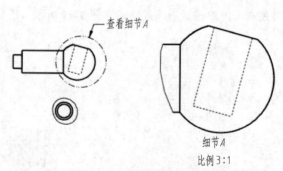

图 5-48　定位螺钉的工程图

（1）按视图标注

打开"显示模型注释"对话框，在"类型"下拉列表框中选择"所有驱动尺寸"选项，然后在工程图中选择主视图，主视图的所有驱动尺寸都会显示出来，如图 5-49 所示。同时，这些尺寸也会以列表形式显示在"显示模型注释"对话框中，如图 5-50 所示。从这个列表中可以选择要在主视图中显示的尺寸。在该对话框中，单击按钮表示全选，单击按钮表示全部清除。在上

述列表中勾选 "dl" "d2" 和 "d4" 3 个复选框，单击 "确定" 按钮，结果如图 5-51 所示。

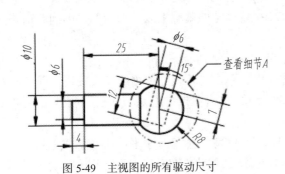

图 5-49 主视图的所有驱动尺寸

图 5-50 "显示模型注释" 对话框

用户可以手动调整标注尺寸的放置位置。单击某一尺寸，然后按住鼠标左键拖动可以移动尺寸的放置位置。例如将 R8 移动到其他位置，结果如图 5-52 所示。

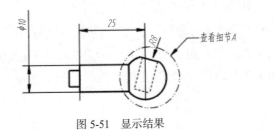

图 5-51 显示结果

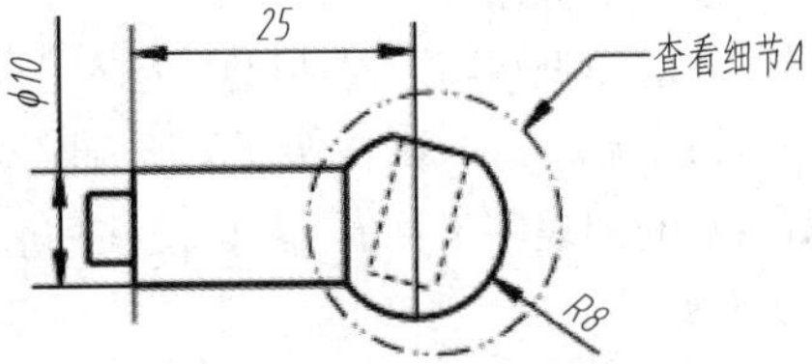

图 5-52 移动尺寸结果

用户也可以通过 "整理尺寸" 工具来对工程图上的线性尺寸的摆放位置进行整理，让工程图变得整洁、清晰。

单击 "清理尺寸" 工具，会弹出 "清理尺寸" 对话框和 "选取" 菜单。在用户选择了尺寸后，"清理尺寸" 对话框被激活，它包括 "放置" 和 "修饰" 两个选项卡，如图 5-53 和图 5-54 所示。下面简要介绍 "清理尺寸" 对话框中各选项的功能。

图 5-53 "放置" 选项卡

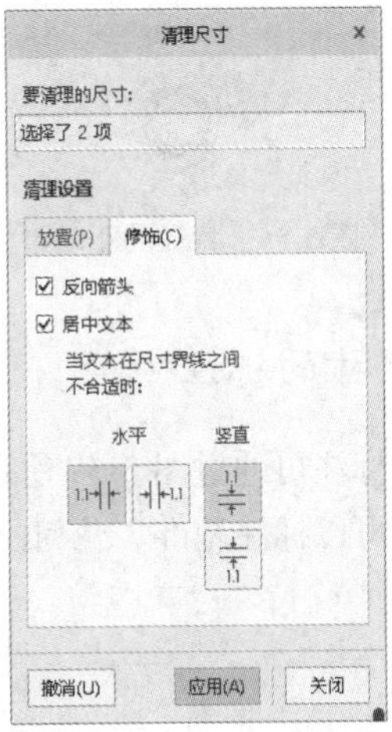

图 5-54 "修饰" 选项卡

① 分隔尺寸：对所选择的尺寸以一定的方式摆放。

　　偏移：视图轮廓线（或所选基线）与视图中离它们最近的那个尺寸间的距离。

　　增量：相邻的两个尺寸的间距。

　　② 偏移参考：尺寸偏移的基准，在整理尺寸时，尺寸从偏移参考处向视图轮廓外或基线的指定侧偏移一个"偏移"值，其他尺寸在该尺寸的基础上以"增量"值的间距向指定方向排列。

　　视图轮廓：以视图的轮廓为偏移的参考。

　　基线：以选择的基线为尺寸偏移的参考；单击"基线"右侧的箭头按钮，即可在视图中选择平直棱边、基准平面和轴线等作为基线；单击"反向箭头"按钮，可改变尺寸偏移的方向。

　　③ 创建捕捉线：勾选该复选框，视图中会显示表示垂直或水平尺寸位置的虚线。

　　④ 破断尺寸界线：尺寸线在与其他尺寸界线或草绘图元相交的位置断开。

　　⑤ 反向箭头：尺寸界线内放不下箭头时，将箭头自动反向放到尺寸界线外面。

　　⑥ 居中文本：使每个尺寸的尺寸文本位于尺寸界线的中间；如果尺寸界线中间放不下，则根据"水平"和"垂直"选项优先放置到尺寸界线外面。

　　（2）按特征标注

　　在"显示模型注释"对话框中选择"类型"为"所有驱动尺寸"后，在导航区的模型树上选择特征，如"旋转1"，则该特征的所有驱动尺寸都会显示在视图上（见图5-55）和"显示模型注释"对话框的列表中（见图 5-56）。在列表中全选驱动尺寸，然后单击"确定"按钮，显示结果如图5-55所示。

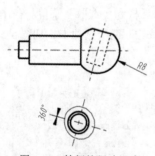

图 5-55　特征的驱动尺寸

图 5-56　"显示模型注释"对话框

2. 从动尺寸的标注

　　从动尺寸的标注可通过图 5-57 所示"注释"选项卡中的工具按钮来进行。利用该选项卡既可以标注尺寸，也可以标注基准、几何公差、表面粗糙度和注释等。下面对常用标注工具的功能介绍如下。

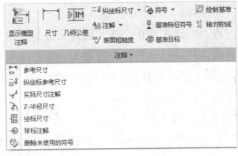

图 5-57　"注释"选项卡

（1）创建尺寸

⊢⊣（创建尺寸）：选择 1 个或 2 个尺寸依附的参考来创建尺寸。根据选择的参考不同，可标注出角度、线性、半径或直径尺寸。单击"创建尺寸"按钮 ⊢⊣，系统弹出"选择参考"对话框，各图标的作用如图 5-58 所示。

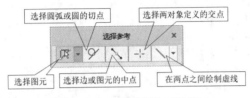

图 5-58　"选择参考"对话框

⊢⊣（参考尺寸）：其功能与上述的 ⊢⊣ 基本相同，唯一不同的是，参考尺寸创建后，会在尺寸后面加上"参考"字样。

（纵坐标参考尺寸）：纵坐标参考尺寸是从标识为基线的对象处测量出的线性距离尺寸，可用于标注单一方向的用坐标表示的尺寸。该工具既可以标注纵向的坐标尺寸，也可以标注横向的坐标尺寸。

（Z 半径尺寸）：创建弧的特殊半径尺寸，该工具允许用户定位与实际的弧中心不是同一点的"虚构"中心。系统会自动将一个 Z 形拐角添加到尺寸线上，表明该尺寸线已透视缩短，如图 5-59 所示。

（坐标尺寸）：为标签和导引框分配一个现有的 x 坐标方向和 y 坐标方向的尺寸，其标注效果如图 5-60 所示。

下面以图 5-61 为例说明从动尺寸的创建方法。

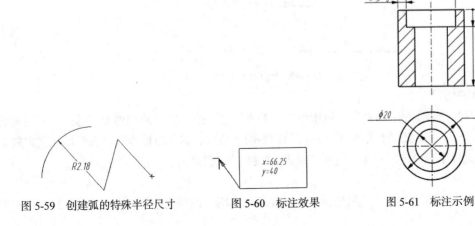

图 5-59　创建弧的特殊半径尺寸　　　图 5-60　标注效果　　　图 5-61　标注示例

① 添加一般尺寸。

◆ 标注ϕ20 和ϕ40。在"注释"选项卡中单击"创建尺寸"按钮 ⊢⊣，系统弹出"选择参考"对话框。双击俯视图上ϕ20 的圆，移动鼠标指针，选择尺寸文本放置位置，单击鼠标中键确定尺寸文本位置，完成ϕ20 的标注。利用相同的方法，标注ϕ40。然后在"选择参考"对话框中单击"取消"按钮，结束标注。结果如图 5-61 俯视图所示。

◆ 标注ϕ30。在"注释"选项卡中单击"创建尺寸"按钮 ⊢⊣，系统弹出"选择参考"对话框。按住"Ctrl"键分别选择图 5-62 所示的加粗的两条边线，移动鼠标指针，选择尺寸文本放置位置，单击鼠标中键确定尺寸文本位置，在"选择参考"对话框中单击"取消"按钮，结束标注。

双击标注尺寸"30"，系统功能区中会自动出现"尺寸"选项卡，在上面单击"尺寸文本"按钮 ⌀10.0Ⓓ，将出现图 5-63 所示的对话框，用于为尺寸文本添加前缀、后缀等。在"符号"库里选择"ϕ"，添加到前缀文本框中，完成ϕ30 的标注。

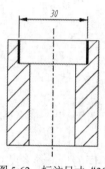

图 5-62　标注尺寸"30"

图 5-63　"尺寸文本"对话框

② 添加坐标尺寸。

在"注释"选项卡中单击"纵坐标尺寸"按钮 ⌐⌐，系统弹出"选择参考"对话框。按住"Ctrl"键分别选择模型的"边线 1"和"边线 2"，如图 5-64 所示。移动鼠标指针，选择尺寸文本放置位置，单击鼠标中键确定尺寸文本位置，完成"10"的标注。再按住"Ctrl"键选择模型的"边线 3"，移动鼠标指针，选择尺寸文本放置位置，单击鼠标中键确定尺寸文本位置，完成"45"的标注。

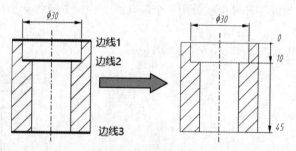

图 5-64　标注坐标尺寸

③ 添加参考尺寸。

在"注释"选项卡的"注释"区域中单击"参考尺寸"按钮 ⊢⊣，系统弹出"选择参考"对话框。按住"Ctrl"键分别选择图 5-65 所示的加粗的两条边线，移动鼠标指针，选择尺寸文本放置位置，单击鼠标中键确定尺寸文本位置，完成"5 参考"的标注。

（2）其他标注

工程图除了要标注尺寸外，还应标注公差、表面粗糙度、注释文本等，可通过图 5-57 所示"注释"选项卡中的工具按钮来进行。下面对其他常用的标注工具的功能做简单介绍。

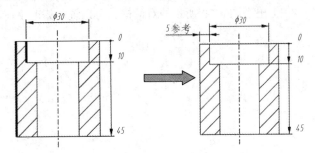

图 5-65　标注参考尺寸

（几何公差）：用于标注几何公差（或形位公差）。

（表面粗糙度）：用于标注表面粗糙度。同一个表面只能有一个表面粗糙度，不能在两个视图中标注同一个表面的粗糙度。

（注解）：用于创建注解（或注释）。在"注释"选项卡中单击"创建注解"按钮，系统弹出图 5-66 所示的"注解类型"菜单，该菜单中各选项的含义介绍如下。

独立注解：创建的注释不带有指引线，注释可自由放置。创建此类型的注释时，只需给出注释文本以及指定注释的位置即可。单击时，系统会弹出图 5-67 所示的"选择点"类型菜单。为选择一个自由点，为使用绝对坐标选择点，为在图形区中的对象或图元上选择点，为选择顶点。

图 5-66　"注解类型"菜单

图 5-67　"选择点"类型菜单

引线注解：创建带有指引线的注释，并用指引线连接到指定的参考图元上，需要指定连接的样式和指引线的定位方式。

项上注解：将注释连接在边或曲线等图元上。

偏移注解：注释和选择的尺寸、公差和符号等间隔一定距离。

切向引线注解：创建带切向引线的新注解。

法向引线注解：创建带法向引线的新注解。

3. 尺寸文本的编辑

无论标注的是驱动尺寸还是从动尺寸，都可以对其文本进行编辑。双击要编辑的尺寸，系统功能区中会自动出现"格式"和"尺寸"选项卡，如图 5-68 和图 5-69 所示。"格式"选项卡用于编辑尺寸文本的字体、字高、粗细、倾斜角度和显示下画线等；"尺寸"选项卡用于编辑尺寸文本的格式、小数位数、显示方式和公差值等。"尺寸文本"按钮用于为尺寸文本添加前缀、后缀等。

图 5-68　"格式"选项卡

此外，当全部尺寸标注完成后，可以在图形区框选全部尺寸文本，然后单击鼠标右键，从快捷菜单中选择 A 文本样式(T)，出现图 5-70 所示的对话框，可以统一修改字体、字高、尺寸与注解的对齐方式等。

图 5-69 "尺寸"选项卡

图 5-70 "文本样式"对话框

【任务实施】

5.1.6 工程图制作实例：平口钳钳座工程图的制作

工程图模板的制作操作视频

制作图 5-71 所示的平口钳钳座的工程图。【2006 年天津市和福建省赛区三维数字建模大赛试题、2012 年第八期全国 CAD 技能二级（三维建模师）考证试题】

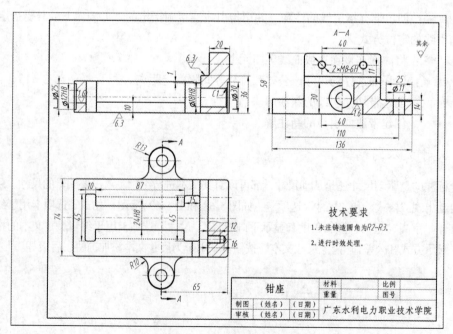

图 5-71 平口钳钳座的工程图

1. 制作格式文件（含标题栏）

① 单击"新建"→"格式"命令，打开"新建"对话框，如图 5-72 所示，输入格式文件名称"A4 格式"，单击"确定"按钮。打开"新格式"对话框，如图 5-73 所示，选择"指定模板"为"空"，"标准大小"为"A4"，单击"确定"按钮后进入格式文件制作界面，如图 5-74 所示。

制作格式文件操作视频

图 5-72 　"新建"对话框　　　　图 5-73 　"新格式"对话框

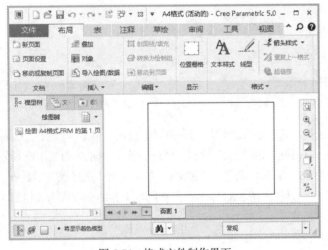

图 5-74 　格式文件制作界面

② 按照前述的方法设置好工程图的绘图环境，或者直接调用之前保存好的绘图配置文件。

③ 单击"草绘"命令，选择"偏移边"工具，弹出图 5-75 所示的"偏移操作"菜单，选择"链图元"选项。框选原 A4 图框的 4 条边，单击鼠标中键确定，出现图 5-76 所示的箭头，表示偏移方向，输入 4 条边往里面偏移的值–5，结果如图 5-77 所示。

④ 返回到"偏移操作"菜单中选择"单一图元"选项，选择刚偏移好的左侧框线，单击鼠标中键确定，出现与上一步一样的偏移方向，输入往里面偏移的值–20，结果如图 5-78 所示。

⑤ 按"Delete"键，把左侧多余的一整条边删除，结果如图 5-79 所示。

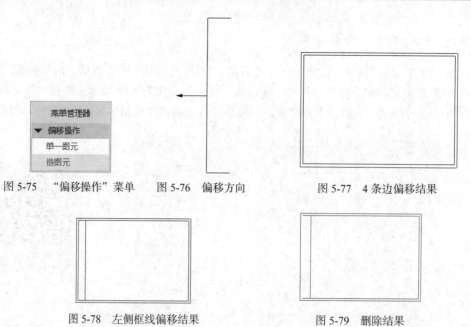

图 5-75　"偏移操作"菜单　　　图 5-76　偏移方向　　　　图 5-77　4 条边偏移结果

图 5-78　左侧框线偏移结果　　　　　　　图 5-79　删除结果

⑥ 选择"草绘"选项卡中的"拐角"工具┌┐，将图 5-80 中箭头所指处多余的线修剪掉，结果如图 5-81 所示。

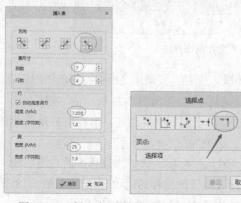

图 5-80　拐角线段　　　　　　　图 5-81　修剪线段结果

⑦ 在功能区中选择"表"选项，切换到表格制作模式，单击"制表"工具▓里面的"插入表"按钮，弹出"插入表"对话框，如图 5-82 所示，方向选择↖（向左且向上），设置表尺寸为 7 列 4 行，设置高度为 7、宽度为 25，单击"确定"按钮✓。系统弹出"选择点"对话框，如图 5-82 所示，单击"选择顶点"图标⌐|。再选择图 5-83 中箭头所指的右下方的交点作为表格制作的顶点。

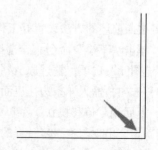

图 5-82　"插入表"对话框和"选择点"对话框　　　　　图 5-83　选择顶点

⑧ 从右往左各列的宽度依次为 25、15、25、15、20、25 和 15。从右往左数，框选第二列，然后在上方"表"选项卡的"行和列"区域中单击 ✛ 高度和宽度 按钮，弹出"高度和宽度"对话框，输入宽度值 15，单击"确定"按钮。然后用同样的方法设置其他列的宽度，结果如图 5-84 所示。

⑨ 按住"Ctrl"键，选择需要合并的单元格，再选择上方"表"选项卡中的"合并单元格"工具 ▦，完成单元格的合并，得到图 5-85 所示的标题栏。

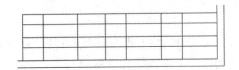

图 5-84 单元格制作结果

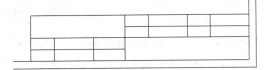

图 5-85 合并单元格结果

⑩ 双击各单元格，输入各单元格中的文字，如图 5-86 所示。

钳座			材料		比例	
			重量		图号	
制图	（姓名）	（日期）	广东水利电力职业技术学院			
审核	（姓名）	（日期）				

图 5-86 输入文字

⑪ 框选所有单元格中的文字，再单击上方"表"选项卡中的"文本样式"按钮 Ａ，弹出"文本样式"对话框，如图 5-87 所示，设置字体为仿宋，"水平"和"垂直"均"居中"，单击"确定"按钮，退出该对话框。

⑫ 选择"广东水利电力职业技术学院"和"钳座"栏，将其中的文字高度单独更改为"4.5"，其余不变，结果如图 5-88 所示。

图 5-87 "文本样式"对话框

钳座			材料		比例	
			重量		图号	
制图	（姓名）	（日期）	广东水利电力职业技术学院			
审核	（姓名）	（日期）				

图 5-88 修改文字高度结果

⑬ 由于标题栏的外框应该是粗实线，因此应再次草绘"偏移边"，将下方的内框线向上偏移 28，将右侧的内框线向左偏移 140，结果如图 5-89 所示。按住"Ctrl"键，选择图 5-89 中箭头所指的两条线，选择"草绘"选项卡中的"拐角"工具 ┐，将其多余的部分修剪掉。

187

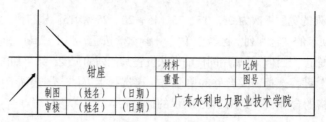

图 5-89　线偏移结果

⑭ 将该文档保存为 FRM 格式的文件，作为模板文件可随时调用。此外，其还可另存为 PDF 文档，以显示出真实的线型效果，方便直接打印。最终的格式文件如图 5-90 所示。

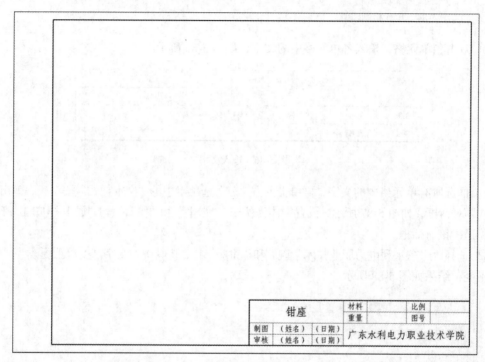

图 5-90　最终的格式文件

2. 建立工程图

（1）新建视图文件

先打开已建好的"钳座.prt"三维模型，再单击"文件"→"新建"命令，弹出"新建"对话框，选择"绘图"选项，输入文件名"钳座.drw"，单击"确定"按钮。随后弹出"新建绘图"对话框，如图 5-91 所示，由于三维模型已打开，因此系统自动在"默认模型"处选择了"钳座.prt"（如果之前没打开 3D 模型，则可以单击"默认模型"下的"浏览"按钮，选择已有的 3D 模型文件）；"指定模板"选择"格式为空"；单击"格式"下的"浏览"按钮，选择之前创建好的格式文件"a4.frm"，单击"确定"按钮，进入 2D 绘图模式。

（2）调用前面已修改并保存好的工程图配置文件

（3）创建普通视图

① 切换到"布局"选项卡，选择"普通视图"工具，在图形区空白处单击放置普通视图，这时会弹出"绘图视图"对话框，如图 5-92 所示，设置"FRONT"为模型视图名。

图 5-91　"新建绘图"对话框

图 5-92　"绘图视图"对话框

② 设置视图比例为 0.7，如图 5-93 所示。设置视图"显示样式"为"消隐"，"相切边显示样式"为"无"，如图 5-94 所示。每个属性设置完后都先单击"应用"按钮，再设置下一个属性。主视图显示结果如图 5-95 所示。

图 5-93　设置比例

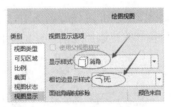

图 5-94　设置显示样式

③ 选择主视图，单击鼠标右键打开快捷菜单，取消勾选"锁定视图移动"复选框，即可用鼠标左键将视图拖动至合适位置。

（4）创建投影视图

单击主视图，出现图 5-96 所示的左键快捷菜单，单击"投影视图"按钮 🖳，在主视图的右边放置左视图；用相同的方法在主视图的下方放置俯视图。按住"Ctrl"键，同时选择左视图和俯视图，出现左键快捷菜单，单击"属性"按钮 🖌，进入"绘图视图"对话框，将"显示样式"改为"消隐"，将"相切边显示样式"改为"无"。完成的三视图如图 5-97 所示。

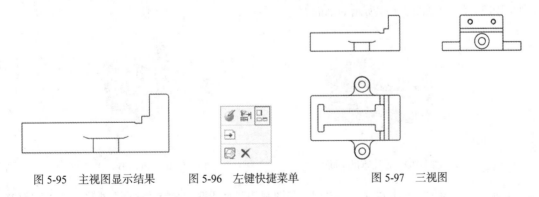

图 5-95　主视图显示结果　　　图 5-96　左键快捷菜单　　　图 5-97　三视图

（5）创建全剖视图

① 方法一：在工程图模式中创建剖视图

这种方法跟前面千斤顶主视图的创建方法相同，在这里不再赘述。

② 方法二：在三维零件模型中创建剖视图

切换到"钳座.prt"文件的零件模式。单击"视图管理器"按钮 ，打开"视图管理器"对话框，切换到"截面"选项卡，选择"新建"→"平面"选项，如图 5-98 所示。输入截面名称"A"并按"Enter"键，弹出"横截面创建"操控板，如图 5-99 所示。选择 FRONT 基准平面作为剖切平面，单击"显示剖面线"按钮 ，并选择颜色 ，得到图 5-100 所示的剖面 A，单击"确定"按钮。在模型树上会显示该截面，可以单击该截面，在左键快捷菜单上单击"取消激活"按钮 。

图 5-98　"截面"选项卡　　　　　　图 5-99　"横截面创建"操控板

返回到工程图模式下，双击该视图，弹出"绘图视图"对话框，选择"截面"和"2D 横截面"选项，单击 按钮添加之前创建的剖面 A，系统默认为全剖，结果如图 5-101 所示。

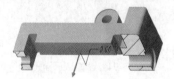

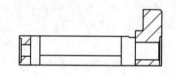

图 5-100　剖面 A　　　　　　　　　图 5-101　全剖视图

由于方法二比较直观，因此一般多采用在零件模式下创建剖面的方法。

（6）创建半剖视图

为了得到左视图的半剖视图，需要先创建剖切平面。

在钳座的零件模式下单击"创建基准平面"命令 ，按住"Ctrl"键，选择图 5-102 所示的两个安装孔位置的曲面，得到经过这两个孔中心的基准平面 DTM1。

单击"视图管理器"按钮 ，弹出"视图管理器"对话框，新建剖面 B，选择基准平面 DTM1作为剖切平面，得到图 5-103 所示的剖面 B。

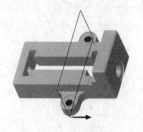

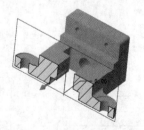

图 5-102　创建基准平面　　　　　　图 5-103　剖面 B

返回工程图模式，双击左视图，出现"绘图视图"对话框，选择"截面"视图，添加剖面 B，"绘图视图"对话框如图 5-25 所示，将"剖切区域"改为"半倍"，选择 FRONT 基准平面作为半剖的分界面，得到图 5-104 所示的半剖视图。

（7）创建局部剖视图

为了在俯视图中创建局部剖视图，需要先创建剖切平面。

在钳座的零件模式下，单击"创建基准平面"命令 ⬜，按住"Ctrl"键，选择两个侧向孔内曲面，得到经过这两个孔中心的基准平面 DTM2，如图 5-105 所示。

单击"视图管理器"按钮 📷，运用跟前面创建剖面 A、B 相同的方法创建剖面 C，以刚创建的基准平面 DTM2 作为剖切平面，得到图 5-106 所示的剖面 C。

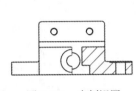

图 5-104　半剖视图

图 5-105　创建 DTM2 基准平面

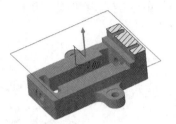

图 5-106　剖面 C

返回工程图模式，双击俯视图，出现"绘图视图"对话框，选择"截面"，添加剖面 C，先将"剖切区域"设置为"完整"，结果如图 5-107 所示。这样，需要创建局部剖视图的孔的结构清楚地显示出来了，然后再将"剖切区域"更改为"局部"，如图 5-108 所示。然后在需要创建局部剖视图的区域内的某个图元上单击一个点，如图 5-109 所示，用样条曲线圈定一个局部区域，单击鼠标中键确定，结果如图 5-110 所示。

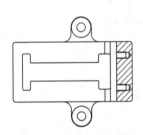

图 5-107　"完整"剖切结果

图 5-108　"绘图视图"对话框

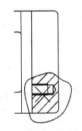

图 5-109　局部剖区域设置

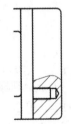

图 5-110　局部剖视图

（8）显示基准轴

切换到"注释"选项卡，单击"显示模型注释"按钮 📝，弹出"显示模型注释"对话框，如图 5-43 所示。在该对话框中选择显示基准轴线的工具 📐，然后选择主视图，再单击"全选"按钮 📋，单击"应用"按钮。用同样的方法，令其他视图的全部基准轴线显示。然后修正一些基准轴线，根据需要将某些轴线拉长、缩短或删减。

（9）显示剖切位置

为了在俯视图上显示出左视图的剖切平面 A-A 的位置，先选择左视图，再单击鼠标右键，出现快捷菜单，如图 5-111 所示，选择"添加箭头"选项，系统会提示给箭头选出一个截面在其处垂直的视图。然后选择俯视图，即会在俯视图上出现截面名称和箭头。接着可以选择该截面名称，单击鼠标右键，出现快捷菜单，如图 5-112 所示，对该截面进行重命名。

切换到"注释"选项卡，单击"注解"按钮 注解，在左视图的上方添加相应的截面名称。

最终得到三视图的剖切状态，如图 5-113 所示。

图 5-111　快捷菜单 1　　　　图 5-112　快捷菜单 2

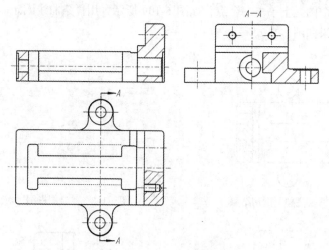

图 5-113　三视图的剖切状态

（10）标注尺寸

为了符合机械图样中关于合理标注尺寸的有关规则，有时需要手动标注尺寸。

切换到"注释"选项卡，单击"尺寸"按钮 ，系统弹出"选择参考"对话框，默认为"选择图元" ，按住"Ctrl"键，在视图中分别选择图 5-114 所示的加粗的两条参考边，移动鼠标指针，选择尺寸文本放置位置，单击鼠标中键以确定，即可显示出图中的尺寸标注"20"。此时系统仍处于标注尺寸的状态，依次选择其他边，释放鼠标中键即可完成多个尺寸的标注，并可将尺寸拖动到合适的位置。调整好的主视图尺寸标注结果如图 5-115 所示。

（11）尺寸编辑

① 反向箭头。单击某一尺寸，系统自动弹出左键快捷菜单，如图 5-116 所示，单击"反向箭头"按钮 ，即可将图 5-114 所示的尺寸箭头变成图 5-117 所示的箭头。或者，在功能区中单击

“尺寸”选项卡中的“显示”按钮，也可以在里面将箭头方向设置为反向。

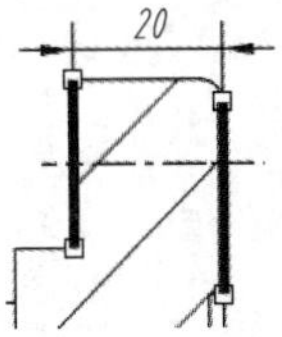

图 5-114　选择参考边

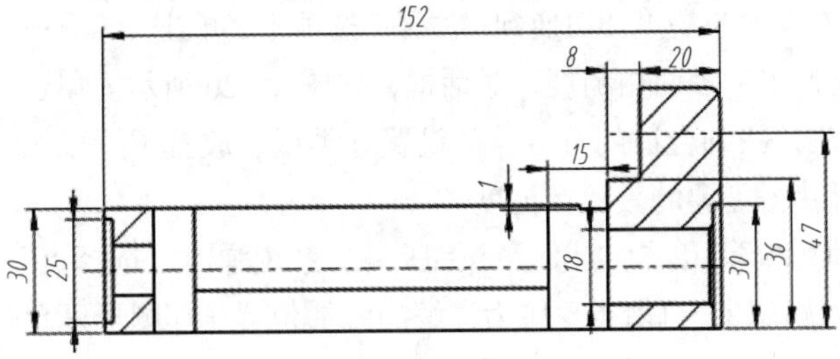

图 5-115　主视图尺寸标注结果

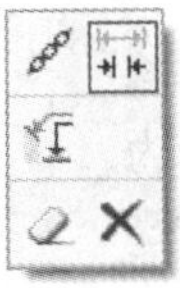

图 5-116　左键快捷菜单

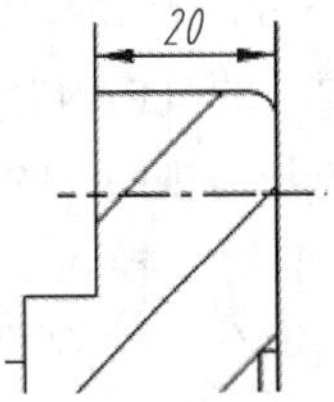

图 5-117　标注结果

② 修改尺寸的属性。双击某一尺寸，系统功能区中会自动出现“尺寸”选项卡，单击“尺寸文本”按钮，出现图 5-63 所示的对话框，用于为尺寸文本添加前缀、后缀等。如在“前缀”文本框中输入符号⌴⌀，即可将图中的尺寸 25 更改为⌴⌀25。

修改完尺寸属性后，主视图如图 5-118 所示。

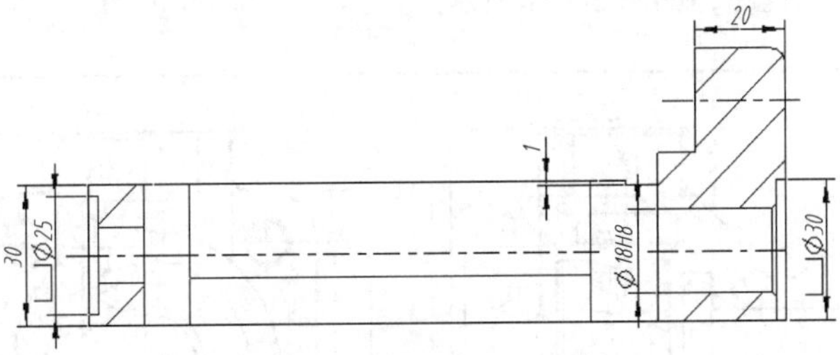

图 5-118　修改尺寸结果

其他视图的尺寸标注方法基本相同，这里就不一一赘述了，结果如图 5-119 所示。

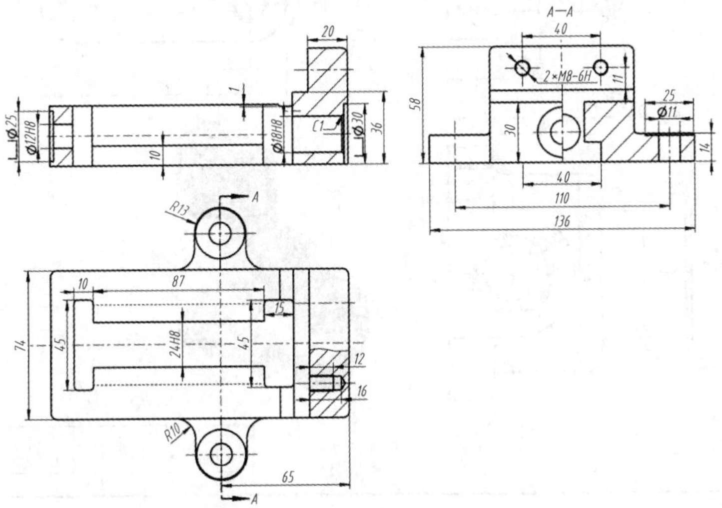

图 5-119　尺寸标注结果

（12）添加表面粗糙度和注解

① 添加表面粗糙度。切换到"注释"选项卡，单击 ^{32/} 表面粗糙度 按钮，系统弹出"表面粗糙度"对话框，如图 5-120 所示。单击"浏览"按钮，找到合适的符号，并设置好类型、放置位置以及属性，即可获得需要的表面粗糙度。

② 添加注解。单击"注解"按钮 ^A注解，系统弹出"选择点"对话框，默认选择"自由点"作为注解的添加位置。在图形区单击需要填写技术要求的位置，然后进入注解填写状态，输入"技术要求"4 个字。然后在图 5-68 所示的"格式"选项卡中选择字号为"5.0"；接着输入技术要求的具体内容，设置其字号为"3.5"。

③ 修改文本样式。框选所有视图中的尺寸和文字，再选择图 5-68 所示的"格式"选项卡的"样式"区域中的"字体"为 **T FangSong_GB2312** ，将所有字体统一，字高则应根据标注类别设置。

（13）最后成图

最后所成的工程图如图 5-71 所示。

图 5-120　"表面粗糙度"对话框

【自我评估】练习题

1. 创建阀体零件工程图，如图 5-121 所示。

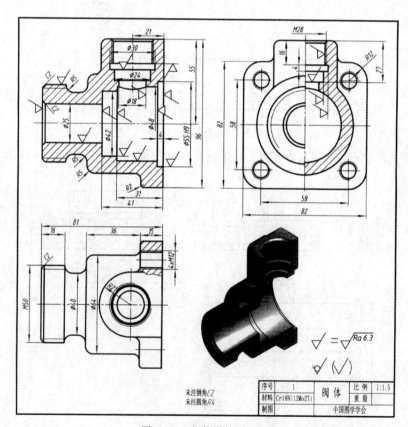

图 5-121　阀体零件工程图

2. 创建机用虎钳装配体的二维装配图，其图见"项目 4"练习题中的第 3 题。要求如下。

（1）视图：在 A3 图纸上采用所给装配图的表达方法，完整、清晰地表达装配图。

（2）标注尺寸：按装配图的要求标注尺寸。尺寸字号为 3 号。

（3）技术要求：标注装配图中的序号，填写标题栏和明细栏等，汉字采用仿宋字体、3.5 号。

3. 基于阀体装配体生成阀体的二维装配图，其图见本项目练习题的第 1 题。要求同上。

4. 基于法兰夹具装配体生成法兰夹具的二维装配图，其图见"项目 4"练习题中的第 2 题。要求同上。

平口钳操作视频

球阀操作视频

项目6

动画制作

课程育人

制作动画是另一种能够让装配体动起来的方法。在 Creo 中，用户可以不设定运动副，使用鼠标指针直接拖动组件，仿照动画影片的制作过程，一步一步生成关键帧，最后连续播放这些关键帧来生成动画。该功能相当方便，可以在运动组件上设定任何连接和伺服电动机，也可以不设定。

任务6.1 创建

【任务学习】

6.1.1 动画制作概述

产品销售人员在示范说明产品的组装、拆卸与维修的程序，以及处理高复杂度装配的运动仿真时，可以使用动画制作功能制作高品质的动画。

1. 进入动画制作界面

进入"装配设计"模块，单击功能区中的"应用程序"→"动画"命令，系统自动进入动画制作界面，如图 6-1 所示。

2. 动画制作界面的功能区介绍

动画制作界面的功能区中包括"动画""模型""分析""注释""人体模型""工具""视图""框架"和"应用程序"选项卡。"动画"选项卡是动画制作界面中特有的选项卡，其他选项卡与机构模块中相应的选项卡相同。"动画"选项卡主要分为 7 个选项组："模型动画""回放""创建动画""图形设计""机构设计"（新建快照动画后才会显示）、"时间线"和"关闭"。

（1）"模型动画"选项组

"模型动画"选项组，如图 6-2 所示，可用于动画的设置、显示、导入及分解等。

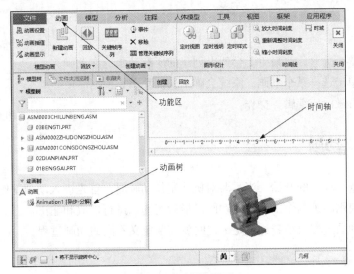

图6-1 动画制作界面

（2）"回放"选项组

"回放"选项组，如图6-3所示，可用于动画的播放和输出。

图6-2 "模型动画"选项组   图6-3 "回放"选项组

（3）"创建动画"选项组

"创建动画"选项组，如图6-4所示，可用于选定对象、设置子动画、管理关键帧序列、设置事件等。

（4）"图形设计"选项组

"图形设计"选项组中的"定时视图""定时透明""定时样式"3个命令用于设置动画的显示样式。

（5）"机构设计"选项组

新建快照动画后，"动画"选项卡中将会增加显示"机构设计"选项组，如图6-5所示，可用于机构设计。

图6-4 "创建动画"选项组   图6-5 "机构设计"选项组

（6）"时间线"选项组

"时间线"选项组可用于设置制作动画的时间轴线，包括放大、缩小、调整等。

（7）"关闭"选项组

"关闭"选项组可用于关闭动画制作界面并返回建模界面。

3．动画树

动画树如图 6-6 所示，动画树上会列出创建的所有动画。在动画树上用鼠标右键单击选择某个动画，系统会弹出快捷菜单，根据需要单击快捷命令进行激活或编辑等操作。

图 6-6　动画树

6.1.2　定义动画

定义动画是制作动画的开始。当需要对机构制作动画时，首先进入动画制作界面，使用工具定义动画，然后使用动画制作工具创建动画，最后对动画进行播放和输出。当对复杂机构创建动画时，使用一个动画过程很难表达清楚，这时就需要定义不同的动画过程。

1．动画创建

（1）创建动画过程

创建动画过程有 3 种方式：分解、快照、从机构动态对象导入，如图 6-2 所示。

① 在"动画"制作模式下，选择功能区"模型动画"组的"新建动画"→"分解"命令，系统弹出"定义动画"对话框，如图 6-7（a）所示。

② 选择"模型动画"组的"新建动画"→"快照"命令，系统弹出"定义动画"对话框，如图 6-7（b）所示。

③ 选择"模型动画"组的"新建动画"→"从机构动态对象导入"命令，系统弹出"定义动画"对话框，如图 6-7（c）所示。

（a）"分解"方式　　　　　　（b）"快照"方式　　　　（c）"从机构动态对象导入"方式

图 6-7　"定义动画"对话框

用 3 种方式打开的"定义动画"对话框的简单介绍如下。

◆　"名称"文本框用于定义动画的名称，默认为"Animation"后加数字，也可以自定义。

◆　"捕捉快照中的当前位置"按钮，单击此按钮系统将弹出"拖动"对话框。

◆　"打开"按钮，单击此按钮系统将弹出"导入结果文件"对话框，可以从中导入已有的回放文件。

（2）创建子动画

单击"子动画"命令可以将创建的动画设置为某一动画的子动画。注意：使用该命令生成的子动画与父动画类型必须一致。

下面以创建两个快照动画为例，讲解"子动画"命令的使用方法。

① 在"动画"制作模式下，选择功能区"模型动画"组的"新建动画"→"快照"命令，

系统弹出"定义动画"对话框，保持默认设置，单击"确定"按钮，新的动画创建完成。

② 在功能区选择"创建动画"组的"子动画"命令 ，系统弹出"包含在 Animation2 中"对话框，如图 6-8 所示。

③ 如果想将动画 Animation2 设置为动画 Animation1 的子动画，在"包含在 Animation2 中"对话框中选择"Animation1"使其高亮显示，单击"应用"按钮，动画时间轴就添加到时间轴中了，如图 6-9 所示，单击"关闭"按钮关闭对话框。

④ 选择该动画时间轴，使其变成红色，用鼠标右键单击该对象，系统弹出快捷菜单，如图 6-10 所示，可以单击菜单中的命令，对该动画时间轴进行修改。

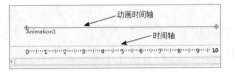

图 6-8 "包含在 Animation2 中"对话框 　　　图 6-9 动画时间轴 　　　图 6-10 快捷菜单

注意：系统默认生成一个动画，这里只需再创建一个动画。

2. 动画显示

"动画显示"工具是用于在 3D 模型中显示动画图标的工具。在动画制作模式下，选择功能区"模型动画"组的"动画显示"命令 ，系统弹出"图元显示"对话框，如图 6-11 所示。

① 勾选"伺服电动机"复选框，在 3D 模型中显示伺服电动机图标，如图 6-12 所示。

② 勾选"接头"复选框，在 3D 模型中显示各种接头图标。

③ 勾选"槽"复选框，在 3D 模型中显示槽特殊连接图标。

④ 勾选"凸轮"复选框，在 3D 模型中显示凸轮特殊连接图标。

⑤ 勾选"3D 接触"复选框，在 3D 模型中显示 3D 接触特殊连接图标。

⑥ 勾选"齿轮"复选框，在 3D 模型中显示齿轮特殊连接图标。

⑦ 勾选"传送带"复选框，在 3D 模型中显示传送带特殊连接图标，如图 6-12 所示。

⑧ 勾选"LCS"复选框，在 3D 模型中显示坐标系图标，如图 6-12 所示。

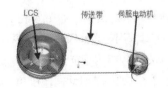

图 6-11 "图元显示"对话框 　　　　图 6-12 凸轮机构

⑨ 勾选“相关性”复选框，在 3D 模型中显示从属关系图标。

⑩ 单击“全部显示”按钮，将勾选以上所有复选框。

⑪ 单击“取消全部显示”按钮，将取消勾选所选择的复选框。

3. 定义主体

动画移动时，以主体而不是以装配为单位。根据“机械设计”模块下的主体原则，通过约束组装零件，在“动画设计”界面下设定的主体信息无法传递到“机构”界面中。

在动画制作模式下，选择功能区“机构设计”组的“主体定义”命令，系统弹出“主体”对话框，如图 6-13 所示。

对话框左侧列表框中显示当前装配中的主体。“新建”按钮用于新增主体并加入装配中。单击该按钮，系统弹出“主体定义”对话框，如图 6-14 所示，在“名称”文本框中修改主体名称；单击“添加零件”选项组中的“选取”箭头按钮，在 3D 模型中选择零件；“零件数”文本框显示当前选择的主体数目。“编辑”按钮用来编辑左侧列表框中高亮显示的主体。

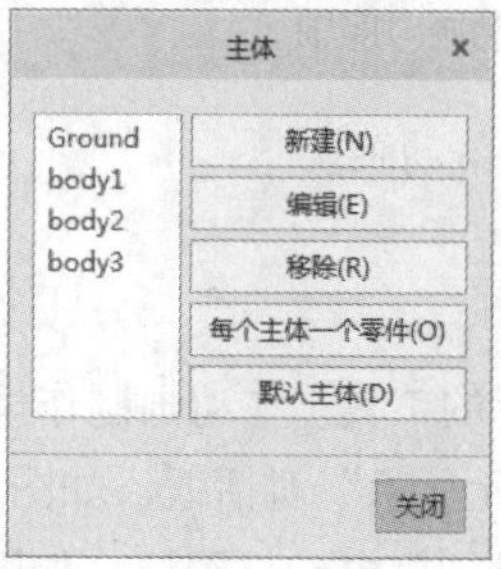

图 6-13 “主体”对话框

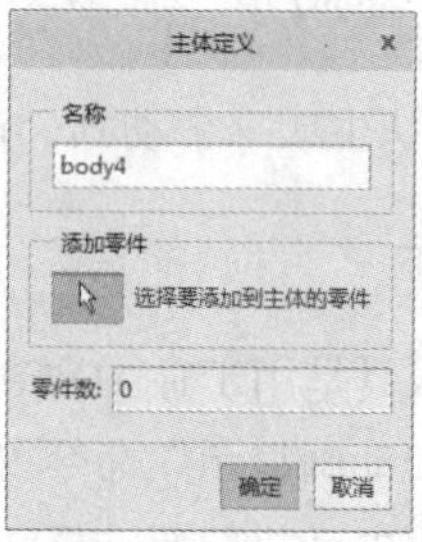

图 6-14 “主体定义”对话框

“移除”按钮用于从装配中移除在列表框中被选择的主体。“每个主体一个零件”按钮用于使一个主体仅包含一个装配。但是一般装配或包含次装配时需特别小心，因为要使所有装配形成一个独立的主体，可能要重定义基体。“默认主体”按钮用于恢复至约束定义的状态，可以重新开始定义所有主体。

6.1.3 制作动画

动画制作是本项目的核心部分，主要介绍通过简单的方法创建高质量的动画。Creo 中主要使用关键帧序列、事件、锁定主体、伺服电动机、连接状况、定时视图、定时透明、定时样式、选定和移除等工具完成动画的制作。

1. 关键帧序列

“关键帧序列”工具可以加入并排列已建立的关键帧，也可以改变关键帧的出现时间、参考主体、主体状态等。在动画制作模式下，选择功能区“创建动画”组的“关键帧序列”命令，系统弹出“关键帧序列”对话框，如图 6-15 所示。

① “名称”文本框用于自定义关键帧序列的名称，系统默认为“Kfs1”。

② “参考主体”选项组用于定义主体动画运动时的参考，系统默认为“Ground”。单击“选取”箭头按钮，系统弹出“选择”对话框，在 3D 模型中选择运动主体的参考，单击“确定”按钮。

③ “序列”选项卡是使用拖动方式建立关键帧时用到的，用于调整每一个关键帧出现的时

间、预览关键帧等。

"关键帧"选项组用于添加关键帧,进行关键帧排序。单击"编辑或创建快照"按钮 ,系统弹出"拖动"对话框,在该对话框中可进行快照的添加、编辑、删除等操作。使用该对话框建立的快照会被添加到下拉列表框中。在下拉列表框中选择一种快照,单击其右侧的"预览快照"按钮 ,就可以看到该快照在 3D 模型中的位置。在下拉列表框中选择一种快照,在"时间"文本框中输入该快照出现的时间,单击其右侧的"添加关键帧到关键帧序列"按钮 ,该快照生成的关键帧被添加到列表框中,用这种方法可添加多个关键帧。"反转"按钮用于反转所选关键帧的顺序。"移除"按钮用于移除在列表框中被选择的关键帧。

"插值"选项组用于在两个关键帧之间进行插补。在生成关键帧时,拖动主体至关键的位置生成快照影像,而中间区域就是使用该选项组进行插补的。不管是平移还是旋转,都有两种插补方式:线性、平滑。使用线性方式可以消除拖动产生的小偏差。

图 6-15 "关键帧序列"对话框

④ "主体"选项卡用于设置主体状态,有"必需的"、"必要的"和"未指定的"。"必需的"和"必要的"是主体移动情况完全照关键帧序列和伺服电动机的设定运动。"未指定的"是任意主体,也可以是根据关键帧和伺服电动机设定的影像。

⑤ "重新生成"按钮用于在关键帧建立后或有变化时,再生成整个关键帧影像。

选择修改对象使其变成红色,用鼠标右键单击该对象,系统弹出快捷菜单,单击"编辑""复制""移除"和"选择参考图元"等命令对其进行修改。

2. 事 件

"事件"工具用来维持事件中各种对象(关键帧序列、伺服电动机、接头、次动画等)的特定相关性。例如某对象的事件发生变化时,其他相关的对象也同步改变。选择功能区"创建动画"组的"事件"命令 ,系统弹出"事件定义"对话框,如图 6-16 所示。

① "名称"文本框用于定义事件的名称,默认为"Event"加数字,同样也能自定义。

② "时间"文本框用于定义事件发生的时间。

③ "后于"下拉列表框用于选择事件发生时间参考,可以选择开始、终点 Animation1。

图 6-16 "事件定义"对话框

3. 锁定主体

"锁定主体"工具用于创建新主体并添加到动画时间轴中。在功能区选择"机构设计"组的"锁定主体"命令 🖳，系统弹出"锁定主体"对话框，如图 6-17 所示。

① "名称"文本框用于定义事件的名称，默认为"BodyLock"加数字，也可以自定义。

② "引导主体"选项组用于定义主动动画元件。单击"选取"箭头按钮 🔖，系统弹出"选择"对话框，在 3D 模型中选择主动元件，单击"确定"按钮。

③ "从动主体"选项组用于定义动画从动元件。单击"选取"箭头按钮 🔖，系统弹出"选择"对话框，在 3D 模型中选择从动元件，单击"确定"按钮。在列表框中选择从动主体，使其高亮显示；单击"移除"按钮，可以将选择的从动主体移除。

④ "开始时间"选项组用于定义该主体的开始运行时间。在"值"文本框中定义锁定主体的发生时间。在"后于"下拉列表框中选择锁定主体发生时间参考，可以选择开始、终点 Animation2 等时间列表中的对象。

⑤ "结束时间"选项组用于定义该主体的结束时间。在"值"文本框中定义锁定主体的发生时间。在"后于"下拉列表框中选择锁定主体发生时间参考，可以选择开始、终点 Animation2 等时间列表中的对象。

⑥ 单击"应用"按钮，该主体就被添加到时间列表中了。单击"关闭"按钮关闭对话框。时间列表中的主体如图 6-18 所示。

图 6-17 "锁定主体"对话框

图 6-18 时间列表中的主体

4. 伺服电动机

"伺服电动机"工具 🖉 用于创建新的伺服电动机，作为动力输入端。

5. 连接状况

"连接状况"工具用于显示连接状况并将其添加到动画中。在功能区选择"机构设计"组的"连接状况"命令 ，弹出"连接状况"对话框，如图 6-19 所示。

① "连接"选项组用于选择机构模型中的连接。单击"选取"箭头按钮 ，系统弹出"选择"对话框，在 3D 模型中选择连接，单击"确定"按钮。

② "时间"选项组用于定义该连接的开始运行时间。"值"文本框用于定义连接发生时间。"后于"下拉列表框用于选择连接发生时间参考，可以选择开始、End of Animation2 等时间列表中的对象。

③ "状态"选项组用于定义当前选择对象的状况：启用、禁用。

④ "锁定/解锁"选项组用于定义当前选择的连接状态：锁定、解锁。

⑤ 单击"应用"按钮，该连接就添加到时间列表中了，如图 6-20 所示。单击"关闭"按钮关闭对话框。

图 6-19　"连接状况"对话框

图 6-20　添加到时间列表中的连接

6. 定时视图

"定时视图"工具将机构模型生成一定视图在动画中显示。在功能区选择"图形设计"组的"定时视图"命令 ，系统弹出"定时视图"对话框，如图 6-21 所示。

① "名称"下拉列表框用来选择定时视图名称，有 BACK、BOTTOM、DEFAULT、FRONT、LEFT、RIGHT、TOP 等。

② "时间"选项组用于定义该连接的开始运行时间。"值"文本框用于定义定时视图发生时间。"后于"下拉列表框用于选择定时视图发生时间参考，可以选择开始、End of Animation2 等时间列表中的对象。

③ "全局视图插值设置"选项组用于显示当前视图使用的全局视图插值。

④ 单击"应用"按钮，该定时视图就添加到时间列表中了，如图 6-22 所示。单击"关闭"按钮关闭对话框。

7. 定时透明

"定时透明"工具将机构模型中的元件生成一定的透明视图在动画中显示。在功能区选择"图形设计"组的"定时透明"命令🔧，系统弹出"定时透明"对话框，如图 6-23 所示。

图 6-21　"定时视图"对话框

图 6-22　创建的定时视图

①"名称"文本框用于定义透明视图的名称，系统默认为"Transparency"加数字，也可以自定义。

②"透明度"选项组用于定义透明元件以及元件透明度。单击"选取"箭头按钮，系统弹出"选择"对话框，在 3D 模型中选择欲设置透明度的元件，单击"确定"按钮，拖动滑块设置透明度。图 6-24 所示为透明度为 90%、30%和 75%的效果。

图 6-23　"定时透明"对话框

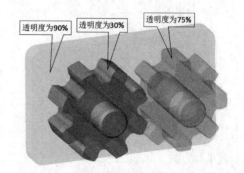

图 6-24　透明元件

③"时间"选项组用于定义该连接的开始运行时间。"值"文本框用于定义定时透明发生时间。"后于"下拉列表框用于选择定时透明发生时间参考，可以选择开始、终点 Animation2 等时间列表中的对象。

④ 单击"应用"按钮，该定时透明视图就添加到时间列表中了。单击"关闭"按钮关闭对话框。

8. 定时样式

"定时样式"工具用于定义当前视图显示的样式。在功能区选择"图形设计"组的"定时样式"命令🔧，系统弹出"定时样式"对话框，如图 6-25 所示。

①"样式名称"下拉列表框用于选择定时显示的样式：默认样式、主样式。

图 6-25　"定时样式"对话框

② "时间"选项组用于定义该连接的开始运行时间。"值"文本框用于定义定时显示发生时间。"后于"下拉列表框用于选择定时显示发生时间参考，可以选择开始、终点 Animation2 等时间列表中的对象。

9. 选定

"选定"工具用于对选择的动画对象进行相应的编辑。在时间列表中选择对象，然后单击功能区中的"创建动画"→"选定"命令，系统弹出"KFS"实例对话框，在该对话框中对选定的对象进行编辑。该工具的功能相当于右键快捷菜单中"编辑"命令或双击对象的功能。

10. 移除

"移除"工具用于将时间列表中选择的动画对象移除。在时间列表中选择对象，单击"创建动画"组中的"移除"按钮×，该对象就被移除掉了。该工具的功能相当于右键快捷菜单中的"移除"命令。

6.1.4 生成动画

1. 生成并运行动画

"生成并运行动画"工具是对创建的动画进行播放的工具。单击功能区中的"生成并运行动画"按钮▶，系统播放使用工具生成的动画。

2. 回放动画

"回放"工具◀▶是对动画进行回放的工具。选择功能区"回放"组的"回放"命令◀▶，其使用方法参见"机构运动仿真"中的介绍。

3. 导出动画

"导出"工具是将生成的动画导出到硬盘进行保存的工具。单击功能区中的"动画"→"回放"→"导出"命令，即可将当前设计的动画保存在默认的路径文件夹中，系统默认名为"Animation1.fra"。

【任务实施】

6.1.5 爆炸动画制作实例：齿轮油泵

齿轮油泵操作视频

制作齿轮油泵的爆炸动画。（2007 年天津市和山东省三维数字建模大赛试题）

① 单击"文件"→"打开"命令，打开"齿轮油泵"的装配体，再单击"应用程序"→"动画"命令，进入动画制作模式。

② 选择"动画"功能区中"模型动画"组的"新建动画"→"快照"命令，系统弹出"定义动画"对话框，重命名动画为"齿轮油泵"，如图 6-26 所示。

③ 单击"动画"功能区中的"机构设计"组的"主体定义"命令，系统弹出"主体"对话框，单击"每个主体一个零件"按钮，如图 6-27 所示。

图 6-26　"定义动画"对话框

图 6-27　"主体"对话框

④　选择功能区"创建动画"组的"关键帧序列"命令 ，弹出"关键帧序列"对话框，如图 6-28 所示，"名称"为"Kfs1"，在该对话框中单击"创建快照"按钮 。弹出"拖动"对话框，如图 6-29 所示，打开对话框中的"约束"选项卡，单击"主体-主体锁定"按钮 ，按住"Ctrl"键依次选择泵盖表面的 6 个螺栓，即可把它们锁定为一体，如图 6-30 所示。选择"高级拖动选项"中的 z 轴，然后选择刚锁定的螺栓，并拖到适合的位置单击确定，结果如图 6-31 所示。单击"拍下当前配置的快照"按钮 ，即成功创建了第一个快照。

图 6-28　"关键帧序列"对话框

图 6-29　"拖动"对话框

图 6-30　锁定 6 个螺栓

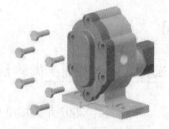

图 6-31　第一个快照

⑤　创建下一个快照。在图 6-29 所示的"拖动"对话框中选择"删除选定约束"工具 ，删除之前的"主体-主体锁定"，然后选择"高级拖动选项"中的 z 轴，在图形区中选择泵盖零件，并拖动到合适的位置，单击确定，结果如图 6-32 所示。单击"拍下当前配置的快照"按钮 ，即成功创建了第二个快照。

⑥ 运用相同的方法创建出其他的快照，结果如图 6-33～图 6-37 所示。

图 6-32　第二个快照

图 6-33　第三个快照

图 6-34　第四个快照

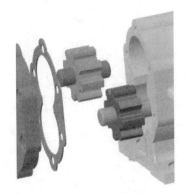
图 6-35　第五个快照

图 6-36　第六个快照

图 6-37　第七个快照

⑦ 返回"关键帧序列"对话框，显示的快照名称如图 6-38 所示，单击"重新生成"和"确定"按钮，完成 Kfs1 关键帧序列的创建，即齿轮油泵的分解。

⑧ 单击"创建新关键帧序列"按钮 ，弹出新的"关键帧序列"对话框，名称为"Kfs2"，单击 ✚ 按钮，按顺序添加之前在 Kfs1 中创建好的快照，然后单击"反转"按钮，结果如图 6-39 所示。单击"确定"按钮，完成 Kfs2 关键帧序列的创建，即齿轮油泵的装配。

⑨ 这时，在时间轴上会出现两条关键帧序列线谱，即动画时间轴，如图 6-40 所示。在时间列表上单击鼠标右键，出现图 6-41 所示的快捷菜单，选择"编辑时域"，弹出图 6-42 所示的"动画时域"对话框，输入结束时间 15；单击 kfs2.1 帧序列线谱，单击鼠标右键，出现图 6-43 所示的快捷菜单，选择"编辑时间"，弹出图 6-44 所示的"KFS 实例"对话框，输入时间为 7.5，结果如图 6-45 所示。

图 6-38　"关键帧序列"对话框 1

图 6-39　"关键帧序列"对话框 2

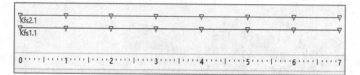

图 6-40　动画时间轴 1

图 6-41　快捷菜单 1

图 6-42　"动画时域"对话框

图 6-43　快捷菜单 2

图 6-44　"KFS 实例"对话框

图 6-45　动画时间轴 2

⑩ 单击"动画"选项卡中的"生成并运行动画"按钮 ▶，系统播放使用工具生成的动画。

⑪ 单击"动画"选项卡中的"回放"按钮，弹出图 6-46 所示的"回放"操作面板，可以对动画进行回放操作控制，详细观看动画爆炸效果。

⑫ 单击图 6-46 所示的"保存"按钮 🖫，出现图 6-47 所示的"捕获"对话框，单击"打开"按钮 📂，输入动画的新名称，选择保存路径，调整图像大小和帧频，单击"确定"按钮，完成可发布的爆炸动画的制作，"类型"系统默认为 MPEG。

⑬ 选择功能区中"回放"组的"导出"命令 ，即可将当前创建的动画保存在默认的路径文件夹中，系统默认名为"Animation1.fra"。

图 6-46 "回放"操作面板 　　　　　　　　图 6-47 "捕获"对话框

【自我评估】练习题

1. 创建减速器装配体的爆炸动画，其装配体如图 4-53 所示（项目 4 的装配设计实例二）。
2. 创建球阀装配体的爆炸动画，其装配图如图 4-96 所示（项目 4 的练习题 1）。
3. 创建法兰夹具装配体的爆炸动画，其装配图如图 4-97 所示（项目 4 的练习题 2）。
4. 创建机用虎钳装配体的爆炸动画，其装配图如图 4-98 所示（项目 4 的练习题 3）。

减速器操作视频

球阀操作视频

法兰夹具操作视频

虎钳操作视频

项目 7

机构仿真

课程育人

Creo 中的机构运动仿真模块 Mechanism 可以进行装配模型的运动学分析和仿真，使得原来在二维图纸上难以表达和设计的运动变得非常直观和易于修改，并且能够大大简化机构的设计开发过程、缩短开发周期、减少开发费用，同时可以提高产品质量。在 Creo 中，运动仿真的结果不但可以以动画的形式表现出来，还可以以参数的形式输出，以便知道零件之间是否干涉、干涉的体积有多大等。再根据运动仿真结果对所设计的零件进行修改，直到不产生干涉为止。可以应用电动机来生成要进行研究的运动类型，并可使用凸轮和齿轮设计功能扩展，当准备好要分析运动时，可观察并记录分析，或测量位置、速度、加速度、力等，然后用图形表示这些测量结果；也可以创建轨迹曲线和运动包络，用物理方法描述运动。

任务 7.1 机构运动仿真

【任务学习】

7.1.1 机构运动仿真的特点

机构是由构件组合而成的，而每个构件都以一定的方式与至少一个构件相连接，这种连接即使两个构件直接接触，又使两个构件能产生一定的相对运动。

进行机构运动仿真的前提是创建机构，创建机构与零件装配都是将单个部件或零件组成一个完整的模型，因此两者之间有很多相似之处。

Creo 机构运动仿真与零件装配都在组件模式下进行。单击"插入"→"元件"→"装配"命令，调入元件后，弹出"元件放置"操控板。创建机构时利用操控板中的"用户定义的连接集"来安装各个零件。由零件装配得到的装配体，其内部的零件之间没有相对运动；而由连接得到的机构，其内部的构件之间有一定的相对运动。

机构运动仿真定义特定的运动副，再创建能使其运动起来的伺服电动机来创建某种机构，实现机构的运动模拟。可以测量位置、速度、加速度等运动特征，然后通过图形直观地显示这些测量结果，这属于机构运动分析。

7.1.2　机构运动仿真工作流程分析

机构运动仿真总体上可以分为 6 个部分：创建模型、检测模型、添加建模图元、准备分析、分析模型和获取结果。机构运动仿真工作流程如图 7-1 所示。

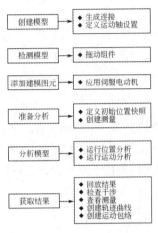

图 7-1　机构运动仿真工作流程

7.1.3　机构的连接方式

连接是建立装配的基本操作，主要用于定义系统在模型中组装零件时采用的放置约束，约束主体间的相对运动，减少系统可能的总自由度（DOF），定义一个零件在机构中可能具有的运动类型。因此，在选择连接前，应先了解系统在定义运动时是如何使用放置约束和自由度的。正确限制主体的自由度，保留所需的自由度，以便产生机构所需的运动类型。Creo 提供了丰富的连接定义，主要有刚性连接、销连接、滑块连接、圆柱连接、平面连接、球连接、焊缝、轴承、常规、6DOF、万向、槽。连接在"装配"模块中建立，但是连接与装配中的约束不同。连接具有一定的自由度，可以进行一定的运动。通常将约束放置在模型中的元件上，用于限制与主体之间的相对运动，减少系统总自由度（DOF），从而定义一个元件在机构中可能具有的运动类型。连接的建立过程需要配合"约束"去限制主体的某些自由度，如图 7-2 所示。

这里讲解的连接与组装中的约束有所不同。主要区别如下。

① 允许放置的约束类型受所创建的连接类型约束。

② 将多个放置约束组合在一起来定义单一连接。

③ 定义的放置约束不会完全约束模型，除非连接副的类型为刚性连接。

④ 可以在一个零件中添加多个连接。

机构连接与约束连接可相互转换。在"元件放置"操控板中，约束列表左侧有一个"约束转换"按钮。单击此按钮可在任何时候根据需要将机构连接转换为约束连接。在转换时，系统会根据现有约束及其对象的性质自动选择最相配的新类型。如果对系统自动选择的结果不满意，可再进行编辑（万向连接下面不做介绍）。

图 7-2　连接与约束

1. 销连接

"销连接"工具是由一个轴对齐约束和一个与轴垂直的平移约束组成的。元件可以绕轴旋转，具有 1 个旋转自由度，没有平移自由度，总自由度为 1，如图 7-3 所示。轴对齐约束可选择直边、轴线或圆柱面，可反向；平移约束可以是两个点重合，也可以是两个平面的距离（或重合），可以设置偏移量。

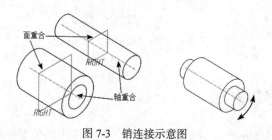

图 7-3　销连接示意图

2. 滑块连接

滑块连接仅有 1 个沿轴向的平移自由度，滑块连接需要一个轴重合约束、一个平面重合约束，以限制连接元件的旋转运动。与销连接正好相反，滑块连接提供了 1 个平移自由度，没有旋转自由度，如图 7-4 所示。

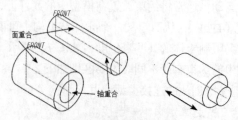

图 7-4　滑块连接示意图

"滑块连接"工具是由一个轴对齐约束和一个旋转约束（实际上就是一个与轴平行的平移约束）组成的。元件可沿轴平移，具有 1 个平移自由度，总自由度为 1。轴对齐约束可选择直边、轴线或圆柱面，可反向。旋转约束要选择两个平面，偏移量根据元件所处位置自动计算，可反向。

3. 圆柱连接

圆柱连接的元件既可以绕轴线相对于附着元件转动，也可以沿着轴线相对于附着元件平移，只需要一个轴对齐约束。圆柱连接提供了 1 个平移自由度、1 个旋转自由度，如图 7-5 所示。

"圆柱连接"工具由一个轴对齐约束组成，比销约束少了一个平移约束，因此元件绕轴旋转的同时可沿轴向平移，具有 1 个旋转自由度和 1 个平移自由度，总自由度为 2。轴对齐约束可选择直边、轴线或圆柱面，可反向。

4. 平面连接

平面连接的元件既可以在一个平面内相对于附着元件移动，也可以绕着垂直于该平面的轴线相对于附着元件转动，只需要一个平面重合约束，如图 7-6 所示。

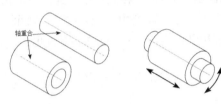

图 7-5　圆柱连接示意图

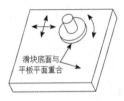

图 7-6　平面连接示意图

"平面连接"工具由一个平面约束组成，也就是确定了元件上某平面与装配上某平面之间的距离（或重合）。元件可绕垂直于平面的轴旋转并在平行于平面的两个方向上平移，具有 1 个旋转自由度和 2 个平移自由度，总自由度为 3，可指定偏移量，可反向。

5. 球连接

球连接的元件在约束点上可以沿附着组件做任意方向的转动，只允许两点重合约束，提供了 3 个旋转自由度，如图 7-7 所示。

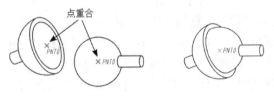

图 7-7　球连接示意图

"球连接"工具由一个点对齐约束组成。元件上的一个点对齐到装配上的一个点，比轴承连接少了 1 个平移自由度。它可以绕着对齐点任意旋转，具有 3 个旋转自由度，总自由度为 3。

6. 轴承连接

轴承连接的元件在约束点上可以沿附着组件做任意方向的转动，只允许两点重合约束，提供了 1 个平移自由度，3 个旋转自由度，如图 7-8 所示。

"轴承连接"工具由一个点对齐约束组成。它与机械上的轴承不同，它是元件（或装配）上的一个点对齐到装配（或元件）上的一条直边或轴线上。此元件可沿轴线平移并向任意方向旋转，具有 1 个平移自由度和 3 个旋转自由度，总自由度为 4。

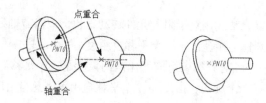

图 7-8　轴承连接示意图

7. 刚性连接

刚性连接的元件和附着元件之间没有任何相对运动，6 个自由度完全被约束了。

"刚性连接"工具使用一个或多个基本约束将元件与装配连接到一起。连接后，元件与装配成为一个主体，相互之间不再有自由度。如果刚性连接没有将自由度完全约束，则元件将在当前位置被"粘"在装配上。如果将一个子装配与装配用刚性连接，子装配内各零件也将一起被"粘"住，其原有自由度不起作用，总自由度为 0。

8. 焊缝连接

焊接连接将两个元件连接在一起，元件之间没有任何相对运动，只能通过坐标系进行约束。刚性连接和焊缝连接的比较如下。

① 刚性连接允许将任何有效的组件约束组聚合到一个接头类型。这些约束可以是使装配元件得以固定的完全约束集或部分约束子集。

② 装配零件、不包含连接的子组件或连接不同主体的元件时，可使用刚性连接。

焊接连接的作用方式与其他连接类型类似。但零件或子组件的放置是通过对齐坐标系来固定的。

③ 当装配包含连接的元件且同一个主体需要多个连接时，可使用焊接连接。焊缝连接允许根据开放的自由度调整元件以与主组件间的匹配。

④ 如果使用刚性连接将带有"机械设计"连接的子组件装配到主组件，子组件连接将不能运动。如果使用焊缝连接将带有"机械设计"连接的子组件装配到主组件，子组件将参考与主组件相同的坐标系，且其子组件的运动将始终处于活动状态。

用"焊缝连接"工具使两个坐标系对齐，元件自由度被完全消除。连接后，元件与装配成为一个主体，相互之间不再有自由度。如果将一个子装配与装配用焊缝连接，子装配内各零件将参考装配坐标系，按其原有自由度的作用，总自由度为 0。它与刚性连接一样没有自由度，但是与刚性连接有着本质区别。

9. 常规连接

"常规连接"工具由自定义组合约束，根据需要指定一个或多个基本约束形成一个新的组合约束，其自由度的多少因所用的基本约束种类及数量的不同而不同。可用的基本约束有距离、重合、平行、自动 4 种。在定义的时候，可根据需要选择一种，也可先不选择类型，直接选择要使用的对象，此时在"约束类型"中显示为"自动"，然后系统将根据所选择的对象自动确定一个合适的基本约束类型。

10. 6DOF 连接

"6DOF"工具对元件不做任何约束，保持其 6 个自由度，仅用一个元件坐标系和一个装配坐标系重合使元件与装配发生关联。元件可任意旋转和平移，具有 3 个旋转自由度和 3 个平移自由度，总自由度为 6。

11. 槽连接

"槽连接"工具是两个主体之间的一个点与曲线连接。从动件上的一个点始终在主动件上的一根曲线（3D）上运动。槽连接只使两个主体按所指定的要求运动，不检查两个主体之间是否干涉。点和曲线甚至可以是零件实体以外的基准点和基准曲线，当然也可以在实体内部。

7.1.4　机构仿真的工作界面

单击功能区中的"应用程序"→"机构"命令，弹出机构仿真的工作界面，如图 7-9 所示。组件上会以不同的符号显示出元件之间的各种连接方式，而其后所添加的伺服电动机、重力电动机、凸轮、齿轮、重力、弹簧、阻尼、力或力矩等亦会以符号形式贴附在组件上，以便让用户直接在画面上看到已经定义的机构元素。

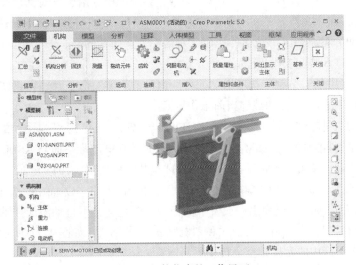

图 7-9　机构仿真的工作界面

在主窗口的上方有一排图标，机构仿真的主要功能即由这些图标来表现出来，即"机构"功能区，设计人员利用其中的命令可以理解、分析、评估、优化装配设计的动力学性能，并进行灵敏度分析。下面按照分类做简单介绍。

"信息"选项组可用于显示机构图元详细信息、汇总信息、质量属性信息，还可以显示或隐藏机构图标符号。

机构图标符号的显示与否按钮 。元件之间的连接对，以及用户进入机构模块后所设置的凸轮、齿轮、电动机、弹簧、阻尼器等机构元素皆会以符号形式贴附在组件上，让用户能直接在画面上看到已设置的内容。单击 按钮，弹出"图元显示"对话框，单击机构图标符号全显示按钮 或者全都不显示按钮 ，即可控制机构图标符号的显示与否。

"分析"选项组可用于生成测量结果，设置分析定义并回放机构运动分析等。

"运动"选项组可用于在允许的运动范围内移动装配元件以查看装配在特定配置下的工作情况。

"连接"选项组可用于选择连接类型，包括齿轮、凸轮、带及 3D 接触 4 种方式。

"插入"选项组可用于在模型中插入各种机构，以驱动模型运动。

"属性和条件"选项组可用于定义质量属性、重力及其方向和大小以模拟重力效果，设置动态分析的起始及终止条件。

"主体"选项组可用于突出显示、重新连接、查看主体等。

"基准"选项组的功能与"模型"选项卡中的"基准"选项组相同。

【任务实施】

7.1.5　仿真运动实例一：螺旋千斤顶

螺旋千斤顶操作视频

1．装配设计

① 单击功能区中的"文件"→"管理会话"→"选择工作目录"命令，系统弹出"选择工作目录"对话框，选择螺旋千斤顶零件所在的文件夹，单击"确定"按钮。

② 单击功能区中的"文件"→"新建"命令，系统弹出"新建"对话框，在对话框中选择"装配"单选按钮，在"文件名"文本框中键入"千斤顶"，取消勾选"使用默认模板"复选框，单击"确定"按钮。系统弹出"新文件选项"对话框，选择"mmns_asm_design"模板选项，单击"确定"按钮，进入装配工作界面。

③ 单击功能区中的"模型"选项卡"元件"组的"组装"命令，在系统弹出的"打开"对话框中选择"机座.prt"元件加载到当前工作界面中。

④ 单击 FRONT 基准平面，再单击 ASM_FRONT 基准平面，系统自动添加"重合"约束关系，同理对 RIGHT 基准平面与 ASM_RIGHT 基准平面、TOP 基准平面与 ASM_TOP 基准平面添加"重合"约束关系，单击"确定"按钮，主体组装结果如图 7-10 所示。

⑤ 单击"组装"命令，把"螺旋杆.prt"元件加载到当前工作界面中。选择连接类型为"圆柱"，选择"放置"选项，系统弹出"放置"面板，在圆柱连接下自动添加"轴对齐"选项。在 3D 模型中选择元件"螺旋杆.prt"的轴线和"机座.prt"的轴线，如图 7-11 所示。将它们作为相互约束的对象，图形区中的元件模型会自动更新位置，结果如图 7-12 所示。

⑥ 打开"放置"面板，单击"新建集"按钮，如图 7-13 所示，设置第二个连接方式，选择连接类型为"槽"。

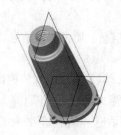

图 7-10　主体组装结果

图 7-11　圆柱约束元素

图 7-12　圆柱连接结果

图 7-13　单击"新建集"按钮

⑦ 选择图 7-14 所示的底座螺纹上的点 PNT0（新创建的基准点），按住"Ctrl"键再用鼠标左键依次选择需要的螺纹线，设置的连接类型如图 7-15 所示。完成的螺旋杆组装结果如图 7-16 所示。

图 7-14　槽约束元素

图 7-15　连接类型

图 7-16　螺旋杆组装结果

⑧ 单击"组装"命令 ，把"横杆.prt"元件加载到当前工作界面中。设置横杆与螺旋杆的孔中心重合、基准面重合，如图 7-17 所示。横杆组装结果如图 7-18 所示。

图 7-17　横杆与螺旋杆的约束关系

图 7-18　横杆组装结果

2. 机构设置——创建伺服电动机

① 单击功能区中的"应用程序"→"机构"命令，系统自动切换到机构设计界面。

② 为了让千斤顶从最低点运动到最高点，可以单击功能区中的"拖动元件"按钮 ，按住鼠标左键拖动螺杆到最低点，并单击"拍照"按钮 ，记下照片的名称"Snapshot1"，如图 7-19 所示。

③ 在图 7-20 所示的机构树中，展开"电动机"，在"伺服"处单击"新建"按钮 ，命名为"电动机 1"。系统弹出图 7-21 所示的"伺服电动机"操控板。

图 7-19　创建一个快照　　　　　　　　图 7-20　机构树

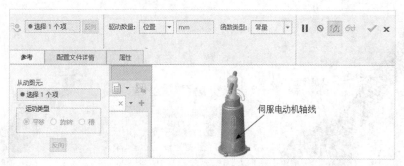

图 7-21　"伺服电动机"操控板

④ 选择"参考"选项，弹出"参考"面板，单击"从动图元"文本框，在 3D 模型中选择运动轴 Connection_8.first_rot_axis，方向应为向上。可单击面板上的"反向"按钮，使方向改变。

⑤ 在"伺服电动机"操控板中，选择"配置文件详情"选项，弹出"配置文件详情"面板，选择"驱动数量"下拉列表框中的"角速度"选项，选择"电动机函数"下拉列表框中的"常量"选项，在"A"文本框中输入 100，如图 7-22 所示，单击"确定"按钮，完成伺服电动机的创建。

为了让千斤顶接下来能从最高点运动回最低点，需要再新建一个电动机，命名为"电动机 2"，方向跟之前的相反。

3. 运动仿真分析

① 在图 7-20 所示的机构树界面中的"分析"处新建一个分析，系统弹出"分析定义"对话框，如图 7-23 所示。

② 设置"结束时间"为 180，其余参数接受默认值。选择"快照 Snapshot1"选项，如图 7-23 所示，让运动的起点为最低点。

③ 切换到"电动机"选项卡，添加电动机 1 和电动机 2，如图 7-24 所示，设置转换时间为 90 和 90.1。然后单击底部的"运行"按钮，即可观察到千斤顶从最低处运动到最高处，然后又从最高处运动到最低处。检测其运行状况，检查无误后关闭"分析定义"对话框。

④ 在图 7-20 所示的机构树界面中单击"回放"按钮，单击出现的"播放"按钮 ▶，系统会自动弹出图 7-25 所示的"回放"对话框。

图 7-22　"配置文件详情"面板　　　　图 7-23　"分析定义"对话框

⑤ 单击对话框中的"播放当前结果集"按钮 ⬅➡，打开图 7-26 所示的"动画"对话框。单击该对话框中的"播放"按钮 ▶，即可连续观测运动效果。

⑥ 单击"捕获"按钮，出现"捕获"对话框，输入视频的新名称，选择保存路径，调整图像大小和帧频，完成可发布的视频的制作，"类型"系统默认为 MPEG。

图 7-24　"分析定义"对话框　　　　图 7-25　"回放"对话框　　　　图 7-26　"动画"对话框

牛头刨床执行机构
操作视频

7.1.6　仿真运动实例二：牛头刨床执行机构

1. 装配设计

本实例中，大部分的零件采用的都是销连接方式。"牛头"存在往复的直线运动，其运动特征符合滑动连接的定义，因此必须添加一个滑动连接定义，但由于"牛头"的中间有一个转动副，因此此处的"滑动杆"连接也可以改为"平面"连接。具体的操作步骤如下。

① 选择牛头刨床零件所在的文件夹作为当前的工作目录。

② 新建一个装配设计类型的文件，名为"牛头刨床"，选择"mmns_asm_design"模板选项，进入装配工作界面。

③ 单击"模型"功能区中的"组装"命令 🖳，将"01xiangti.prt"元件加载到当前工作界面中。将该元件的 3 个基准平面分别与 ASM 的 3 个基准平面一一配对（其中 RIGHT 基准平面反向重合），完成底座的组装，结果如图 7-27 所示。

④ 单击"组装"命令 🖳，把"02gan.prt"元件加载到当前工作界面中。选择连接类型为"销"，在 3D 模型中选择图 7-28 中箭头所指的两条轴线和两个平面平齐，完成销连接，组装结果如图 7-29 所示。

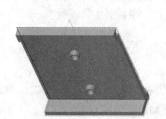

图 7-27　"01xiangti"组装结果

图 7-28　销约束元素

图 7-29　"02gan"组装结果

⑤ 单击"组装"命令 🖳，把"03xiao.prt"元件加载到当前工作界面中。选择连接类型为"销"，在 3D 模型中选择图 7-30 中箭头所指的两条轴线和两个平面平齐，完成销连接，组装结果如图 7-31 所示。

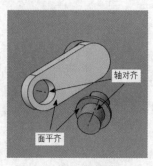

图 7-30　装配关系

图 7-31　"03xiao"组装结果

⑥ 单击"组装"命令 🖳，把"04zhudonggan.prt"元件加载到当前工作界面中。选择连接类

型为"销",在 3D 模型中选择图 7-32 中箭头所指的两条轴线和两个平面平齐,完成销连接。再打开"放置"面板,单击"新建集"按钮,设置第二个连接方式,选择连接类型为"平面",然后分别选择图 7-32 中箭头所指的两个侧面,使它们对齐,完成平面连接。组装结果如图 7-33 所示。

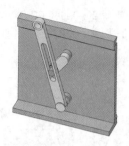

图 7-32 销和平面的约束元素　　图 7-33 "04zhudonggan"的组装结果

⑦ 单击"组装"命令，把"05congdonggan.prt"元件加载到当前工作界面中。选择连接类型为"销",在 3D 模型中选择图 7-34 中箭头所指的两条轴线和两个平面平齐,完成销连接。组装结果如图 7-35 所示。

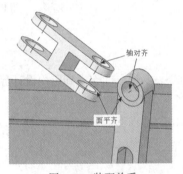

图 7-34 装配关系　　图 7-35 "05congdonggan"组装结果

⑧ 单击"组装"命令，把"06dingxiao.prt"元件加载到当前工作界面中。选择连接类型为"销",在 3D 模型中选择图 7-36 中箭头所指的两条轴线和两个平面平齐,完成销连接。组装结果如图 7-37 所示。

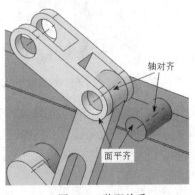
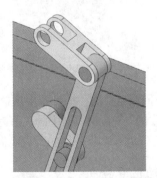

图 7-36 装配关系　　图 7-37 "06dingxiao"组装结果

⑨ 单击"组装"命令，把"07daojuzuo.prt"元件加载到当前工作界面中。选择连接类型

为"销"，在 3D 模型中选择图 7-38 中箭头所指的两条轴线和两个平面平齐，完成销连接。再打开"放置"面板，单击"新建集"按钮，设置第二个连接方式，选择连接类型为"平面"，然后分别选择图 7-38 中箭头所指的两个水平面，使它们对齐，完成平面连接。组装结果如图 7-39 所示。

⑩ 单击"组装"命令，把"06dingxiao.prt"元件加载到当前工作界面中。选择连接类型为"销"，将其与"05congdonggan.prt"元件另一端的两条轴线和两个平面平齐，完成销的连接。

最终完成的牛头刨床装配结果如图 7-40 所示。

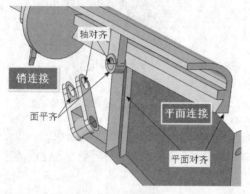

图 7-38　装配关系

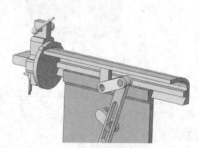

图 7-39　"07daojuzuo"组装结果

2. 机构设置——创建伺服电动机

① 单击功能区中的"应用程序"→"机构"命令，系统自动切换到机构设计界面。

② 在机构树中，展开"电动机"，在"伺服"处单击"新建"按钮。在"伺服电动机"操控板中选择"参考"选项，弹出"参考"面板，单击"从动图元"文本框，在 3D 模型中选择图 7-41 所示的运动轴。

图 7-40　牛头刨床装配结果

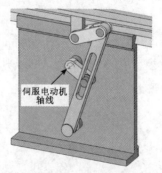

图 7-41　电动机轴线

③ 在"伺服电动机"操控板中选择"配置文件详情"选项，弹出"配置文件详情"面板，选择"驱动数量"下拉列表框中的"角速度"选项，选择"电动机函数"下拉列表框中的"常量"选项，在"A"文本框中输入 30，完成伺服电动机的创建。

3. 运动仿真分析

① 在机构树中，单击"分析"，新建一个分析，系统弹出"分析定义"对话框，设置"结束时间"为 30，其余参数接受默认值。

② 切换到"电动机"选项卡，检查确定电动机已添加。然后单击底部的"运行"按钮，即可观察到牛头刨床左右运动的效果，检测其运行状况，检查无误后关闭"分析定义"对话框。

③ 在机构树中，单击"回放"按钮，单击出现的"播放"按钮▶，单击对话框中的"播放当前结果集"按钮◀▶；打开"动画"对话框，单击对话框中的"播放"按钮▶，即可连续观测运动效果。单击"捕获"按钮，输入视频的新名称，选择保存路径，调整图像大小和帧频，完成可发布的视频的制作，"类型"系统默认为 MPEG。

7.1.7　仿真运动实例三：单缸内燃机

通过本实例，读者可以对"销钉""圆柱""平面""凸轮副""齿轮副"及其组合连接的应用有进一步的了解。

1．工作原理

图 7-42 所示为一个单缸内燃机，其运动机构比较复杂，因此涉及的连接类型也较为复杂。总体来说可将其分为两部分：其一，活塞、曲柄连杆、曲轴和一个小齿轮，利用"销钉""圆柱""平面""刚性"等连接类型，将它们连接在刚体上；其二，摆杆、顶杆、气门导杆、凸轮轴和一个大齿轮，利用"圆柱""平面""销钉"等连接类型将它们连接在刚体上，最后再利用"齿轮副"和"凸轮副"将参与运动的零件、组件连接在一起，组成一个完整的运动机构。

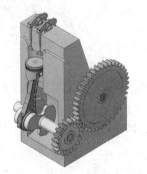
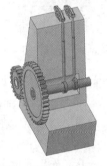

图 7-42 单缸内燃机

2．装配设计

① 选择单缸内燃机零件所在的文件夹作为当前的工作目录。

② 新建一个装配设计类型的文件，命名为"内燃机"，选择"mmns_asm_design"模板选项，进入装配工作界面。

③ 单击"模型"功能区中的"组装"命令📇，将"01gangti.prt"元件加载到当前工作界面中，将"放置"类型设置为"默认"，该元件被定义为基础实体。

④ 装配曲轴"02quzhou.prt"元件，设置连接类型为"销"，与"01gangti.prt"元件形成销连接约束关系，结果图 7-43 所示。

⑤ 装配曲杆"03qugan.prt"元件，设置连接类型为"销"，与"02quzhou.prt"元件形成销连接约束关系，结果如图 7-44 所示。

⑥ 装配活塞"04huosai.prt"元件，设置连接类型为"销"＋"圆柱"，与"03qugan.prt"元件

形成销连接约束关系，与"01gangti.prt"元件形成圆柱连接的约束关系，结果如图 7-45 所示。

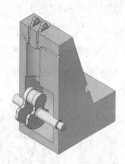 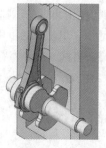 

图 7-43　"02quzhou"销连接结果　　图 7-44　"03qugan"销连接结果　　图 7-45　"04huosai"销+圆柱连接结果

⑦ 装配摆杆"05baigan.prt"元件，设置连接类型为"销"，与"01gangti.prt"元件形成销连接约束关系，结果如图 7-46 所示。

⑧ 使用相同的方法完成另一个摆杆"05baigan.prt"元件的装配，结果如图 7-47 所示。

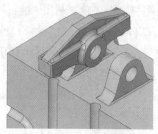 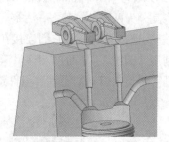

图 7-46　"05baigan"销连接结果　　　　图 7-47　另一个"05baigan"销连接结果

⑨ 装配导杆"06daogan.prt"元件，设置连接类型为"圆柱"+"平面"，与"01gangti.prt"元件形成圆柱连接约束关系；与"05baigan.prt"元件形成平面连接约束关系，如图 7-48 所示。令"06daogan.prt"元件上面的两个基准点所在的基准平面与"05baigan.prt"元件的基准平面重合。

⑩ 使用相同的方法装配另一个导杆"06daogan.prt"元件，结果如图 7-49 所示。

⑪ 装配曲杆"07tulunzhou.prt"元件，设置连接类型为"销"，与"01gangti.prt"元件形成销连接约束关系，结果如图 7-50 所示。

图 7-48　"06daogan"圆柱+平面连接结果　　图 7-49　另一个"06daogan"圆柱+平面连接结果

⑫ 分别装配两个顶杆"08dinggan.prt"元件，设置连接类型为"圆柱"+"平面"，与"01gangti.prt"元件形成圆柱连接约束关系；与"05baigan.prt"元件形成平面连接约束关系，如图 7-51 所示。令

"08dinggan.prt"元件上面的两个基准点所在的基准平面与"05baigan.prt"元件的基准平面重合，装配结果如图 7-52 所示。

⑬ 装配大齿轮"09chilun.prt"元件，设置连接类型为"用户定义"→"重合"+"重合"，与"07tulunzhou.prt"元件的小台阶段轴线、端面重合，约束结果如图 7-53 所示。

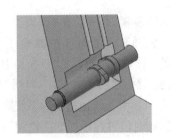

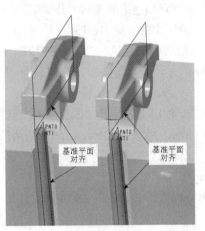

图 7-50   "07tulunzhou"销连接结果　　图 7-51   "08dinggan"平面约束元素

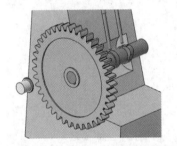

图 7-52   "08dinggan"圆柱+平面连接结果　　图 7-53   "09chilun"重合约束结果

⑭ 装配小齿轮"10chilun.prt"元件，设置连接类型为"用户定义"→"重合"+"重合"+"相切"，如图 7-54 所示。与曲轴"02quzhou.prt"元件的小台阶段轴线、端面重合，与大齿轮的齿面相切，结果如图 7-55 所示。

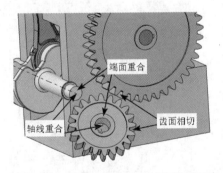

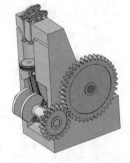

图 7-54   "10chilun"重合+相切约束元素　　图 7-55   "10chilun"装配结果

⑮ 单击"快照"按钮把这时的位置拍下来，为后面设置运动仿真的初始位置做准备。

⑯ 为了后面的运动仿真，在进入机构模块之前需要把前面设置的"相切"约束关系删除，但仍保持两齿轮面相切的位置。

3. 机构设置——创建"凸轮副"和"齿轮副"

在进入仿真运动的参数设置之前，需要先设置高级连接"凸轮副"和"齿轮副"，下面将详细介绍其操作步骤（为了更清晰地表达"凸轮副"和"齿轮副"，这里先隐藏"01gangti.prt"元件）。

（1）设置与摆杆相连接的4对"凸轮副"

① 单击功能区中的"应用程序"→"机构"命令，系统自动切换到机构设计界面。

② 单击功能区中的"机构"→"连接"→"凸轮"命令 ，或者在机构树中的"连接"→"凸轮"处单击"新建"按钮 ，系统弹出"凸轮从动机构连接定义"对话框，如图 7-56所示。

③ 单击"凸轮 1"选项卡中"曲面/曲线"选项组中的"选取"按钮，在 3D 模型中按住"Ctrl"键选择图 7-57 所示的摆杆"05baigan.prt"的两段曲线，将它们作为凸轮 1 的参考。

④ 单击"凸轮 2"选项卡中"曲面/曲线"选项组中的"选取"按钮，在 3D 模型中选择图 7-57所示的"06daogan.prt"元件的上端面，将其作为凸轮 2 的参考，然后在"选取"对话框中单击"确定"按钮，再分别选择 PNT1 和 PNT0 两点作为前参考和后参考。其他选项为系统默认值，单击"确定"按钮，完成凸轮副的创建，系统自动更新元件的相对位置并添加"凸轮副"连接符号，结果如图 7-58 所示。

（a）"凸轮 1"选项卡

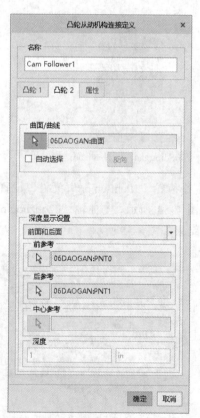
（b）"凸轮 2"选项卡

图 7-56　"凸轮从动机构连接定义"对话框

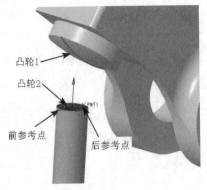

图 7-57 定义凸轮 1 和凸轮 2

图 7-58 "凸轮副"设置结果

⑤ 采用相同的方法，创建出与摆杆"05baigan.prt"相配合的另外 3 对凸轮副。创建完成的 4 对凸轮副接头如图 7-59 所示。

（2）设置与凸轮轴相连接的两对"凸轮副"

① 单击功能区中的"机构"→"连接"→"凸轮"命令 ，或者在机构树中的"连接"→"凸轮"处单击"新建"按钮 ，系统弹出"凸轮从动机构连接定义"对话框。

② 单击"凸轮 1"选项卡中"曲面/曲线"选项组中的"选取"按钮，在 3D 模型中按住"Ctrl"键选择图 7-60 所示的顶杆"08dinggan.prt"球面上的两段曲线，将它们作为凸轮 1 的参考。

③ 打开"凸轮 2"选项卡，勾选"自动选取"复选框，然后单击"曲面/曲线"选项组中的"选取"按钮，在 3D 模型中选

图 7-59 4 对"凸轮副"接头

择图 7-60 所示的"07tulunzhou.prt"元件的整圈凸轮曲面，将其作为凸轮 2 的参考。其他选项为系统默认值，单击"确定"按钮，完成凸轮副的创建，系统自动更新元件的相对位置并添加"凸轮副"连接符号。

④ 采取相同的方法，创建出"08dinggan.prt"与"07tulunzhou.prt"之间的第二对凸轮副。完成创建的两对凸轮副接头如图 7-61 所示。

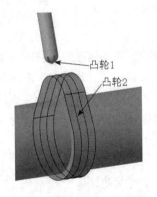

图 7-60 定义凸轮 1 和凸轮 2

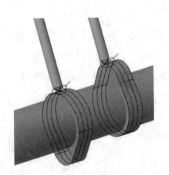

图 7-61 两对"凸轮副"接头

提示：若出现对话框，主要是因为凸轮副连接的方向不对。需要进行如下操作：先单击"撤销"按钮，关闭对话框，然后单击"凸轮从动机构连接定义"对话框里的"反向"按钮。

（3）设置一对"齿轮副"

① 单击功能区中的"机构"→"连接"→"齿轮"命令 ，或者在机构树中的"连接"→
"齿轮"处单击"新建"按钮 ，系统弹出"齿轮副定义"对话框，如图 7-62 所示。

（a）"齿轮 1"选项卡　　　　　　　　（b）"齿轮 2"选项卡

图 7-62　　"齿轮副定义"对话框

② 单击"齿轮 1"选项卡中"运动轴"选项组中"选取"按钮，在 3D 模型中选择图 7-63 所
示的小齿轮"09chilun.prt"与曲轴中心的销钉连接头，作为"齿轮 1"的运动轴，在"齿轮副定
义"对话框的"直径"处输入 20。

③ 单击"齿轮 2"选项卡中"运动轴"选项组中的"选取"按钮，在 3D 模型中选择图 7-63
所示的大齿轮"10chilun.prt"与凸轮轴中心的销钉连接头，作为"齿轮 2"的运动轴，在对话框
的"直径"处输入 40。其他选项为系统默认值，单击"确定"按钮，完成齿轮副的创建，系统自
动更新元件的相对位置并添加"齿轮副"连接符号，如图 7-64 所示。

4. 机构设置——创建伺服电动机

① 在机构树中，展开"电动机"，在"伺服"处单击"新建"按钮 。在"伺服电动机"操
控板中选择"参考"选项，弹出"参考"面板，单击"从动图元"文本框，在 3D 模型中选择小
齿轮与曲轴中心的销接头作为运动轴，如图 7-65 所示，完成后 3D 模型运动轴的中心处会显示出
伺服电动机的符号。

图 7-63 选择齿轮的运动轴

图 7-64 齿轮副的创建结果

② 在"电动机"操控板中选项"配置文件详情"选项，弹出"配置文件详情"面板，选择"驱动数量"下拉列表框中的"角速度"选项，选择"电动机函数"下拉列表框中的"常量"选项，在"A"文本框中输入 15，完成伺服电动机的创建。

5. 运动仿真分析

① 在机构树中单击"分析"，新建一个分析，系统弹出"分析定义"对话框，设置"结束时间"为 60，其余参数为默认值。

② 切换到"电动机"选项卡，检查确定电动机已添加。然后单击底部的"运行"按钮，即可观察到内燃机运动仿真的效果（为了便于全面观察，可以先隐藏"01gangti.prt"元件），检测其运行状况，检查无误后关闭"分析定义"对话框。

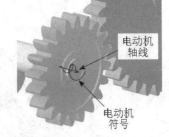

图 7-65 电动机轴线和符号

③ 在机构树中单击"回放"，单击出现的"播放"按钮▶，单击对话框中的"播放当前结果集"按钮◀▶；打开"动画"对话框，单击对话框中的"播放"按钮▶，即可连续观测运动效果。单击"捕获"按钮，输入视频的新名称，选择保存路径，调整图像大小和帧频，完成可发布的视频的制作，"类型"系统默认为 MPEG。

【自我评估】练习题

1. 使用文件夹"运动仿真\槽轮机构"下的 3 个零件 caolun.prt、chuandonggan.prt、zhijia.prt 创建图 7-66 所示的槽轮机构，并进行机构运动仿真。

2. 使用文件夹"运动仿真\冲孔机构"下的 5 个零件 congdonggan.prt、congdonglun.prt、jizuo.prt、tulun.prt、xiaoding.prt 创建图 7-67 所示的冲孔机构，并进行机构运动仿真。

3. 使用文件夹"运动仿真\变速箱"下的 5 个零件 biansuxiang.prt、chilunzhou.prt、chilun2.prt、prt0001.prt、prt0003.prt 创建图 7-68 所示的齿轮机构，并进行机构运动仿真。

4. 使用文件夹"运动仿真\蜗轮减速器"下的 5 个零件 jian.prt、

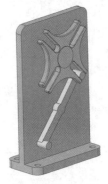

图 7-66 槽轮机构

jiansuxiang.prt、wogan.prt、wolun.prt、zhou.prt 创建图 7-69 所示的蜗轮蜗杆减速器组件，并进行机构运动仿真。

图 7-67　冲孔机构

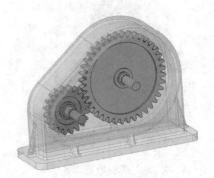

图 7-68　齿轮机构

5. 使用文件夹"运动仿真\电风扇"下的 18 个零件创建图 7-70 所示的电风扇组件，并进行机构运动仿真。

图 7-69　蜗轮蜗杆减速器组件

图 7-70　电风扇组件

槽轮机构操作视频

冲孔机构操作视频

齿轮机构操作视频

蜗轮蜗杆操作视频

项目 8

考证与竞赛试题分析

任务 8.1　CAD 技能二级（三维数字建模师）考试试题分析

8.1.1　第九期 CAD 技能二级考试真题试卷

课程育人

图 8-1 所示是第九期 CAD 技能二级（三维数字建模师）考试试题（中国图学学会与中华人民共和国人力资源与社会保障部共同承办），该题也是广东省图形技能与创新大赛试题。

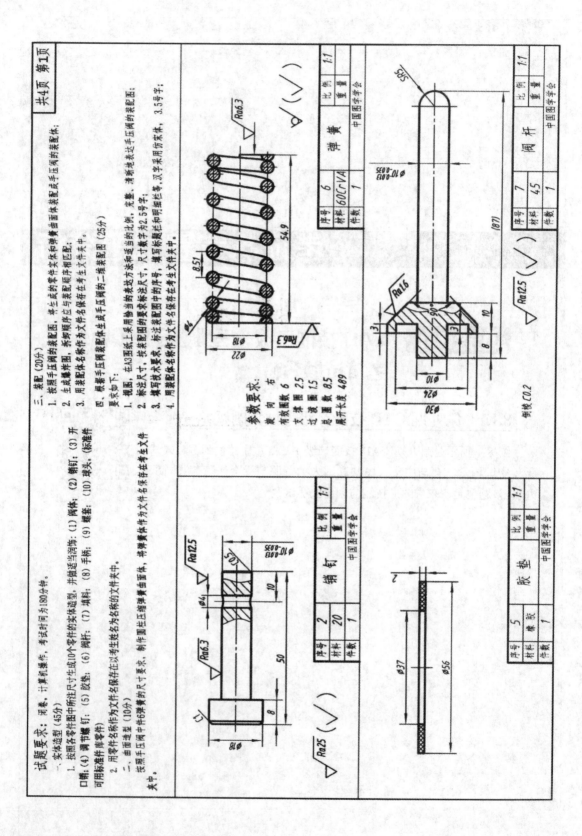

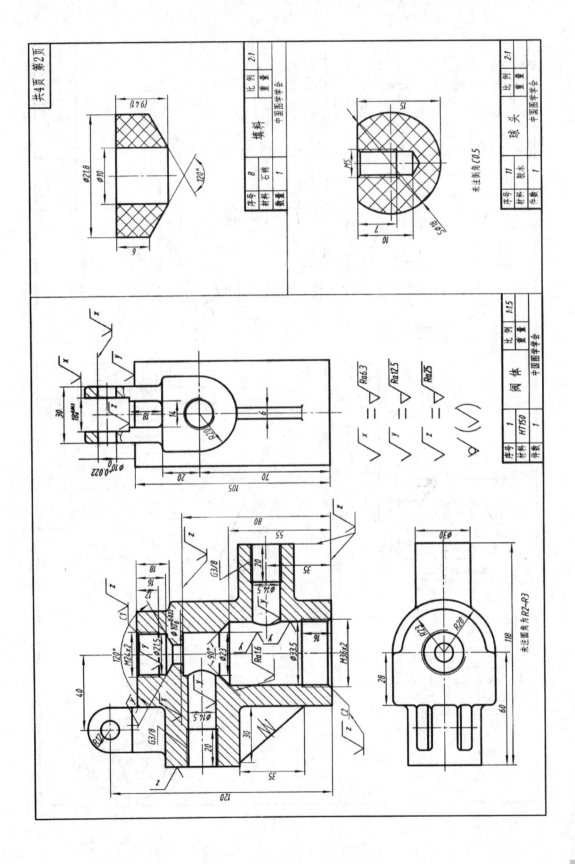

233

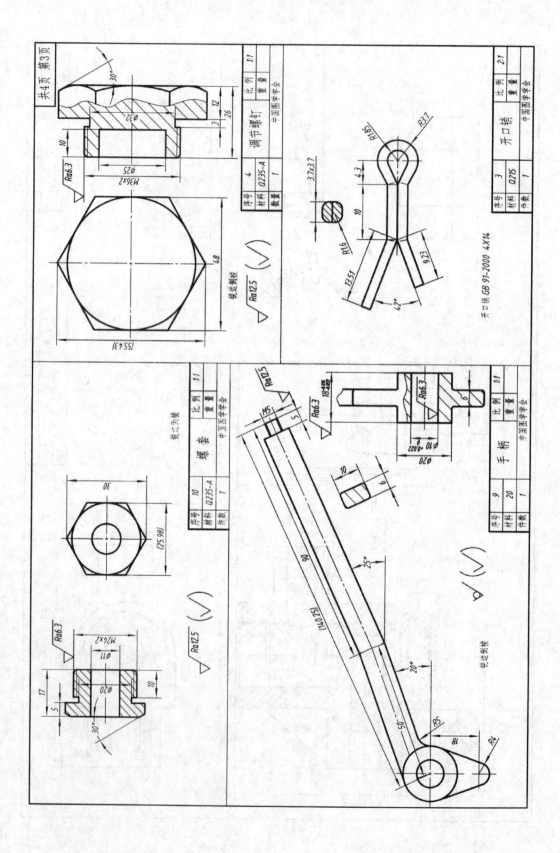

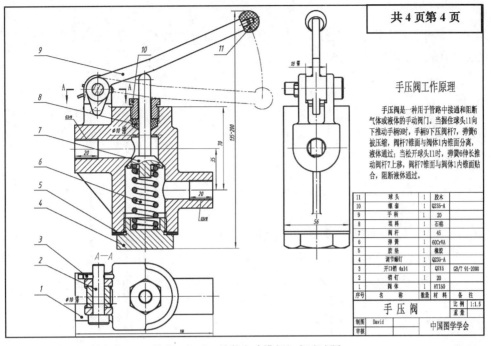

图 8-1　第九期 CAD 技能二级（三维数字建模师）考试试题

8.1.2　实体造型

下面以弹簧造型为代表介绍其建模过程（也可通过调用标准件并修改参数完成），其他部分的实体造型请读者自行完成。

1.　计算控制节距的各点之间的距离

支撑圈数对应的两个控制点之间的距离为：（弹簧截面直径×支撑圈数）÷2=4×2.5÷2=5 mm。

有效圈数内节距恒定的区域高度为：节距×（有效圈数–过渡圈数）=8.51×4.5=38.3 mm。

所以，过渡圈数（有效圈数内节距不恒定）对应的两个控制点之间的距离为（54.9–38.3–5–5）÷2=3.3 mm。

2.　建模过程

① 单击功能区中的"文件"→"新建"命令，系统弹出"新建"对话框，选择"零件"单选按钮，在"文件名"文本框中输入"弹簧"，取消勾选"使用默认模板"复选框，选择"mmns_part_solid"模板选项，单击"确定"按钮，进入零件造型工作界面。

② 单击功能区中的"模型"→"扫描"→"螺旋扫描"命令 ，系统弹出"螺旋扫描"操控板，打开"参考"面板，定义螺旋扫描轮廓，选择 FRONT 基准平面作为草绘平面，绘制图 8-2 所示的中心轴线和直线，并且在直线上创建 4 个几何点，用于生成

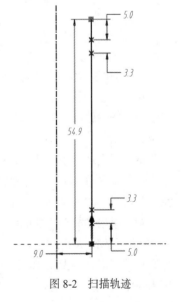

图 8-2　扫描轨迹

基准点。

③ 在"螺旋扫描"操控板上打开"间距"面板，如图 8-3 所示，设置螺旋扫描轮廓线上 4 个基准点间的节距，结果如图 8-4 所示。

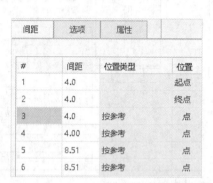

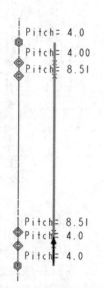

图 8-3　设置各基准点间的间距

图 8-4　间距设置的结果

④ 在"螺旋扫描"操控板上单击"创建扫描截面"按钮⬚，进入草绘模式，绘制图 8-5 所示的扫描截面，螺旋扫描特征的创建结果如图 8-6 所示。

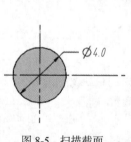

图 8-5　扫描截面

图 8-6　螺旋扫描特征

⑤ 创建拉伸去除材料特征，使两端面平整。

◆　单击功能区中的"工具"→ d= 关系 按钮，在图形区中单击模型，出现菜单管理器，如图 8-7 所示。勾选"轮廓"复选框，单击"完成"按钮，模型轮廓上出现图 8-8 所示的参数，其总高度显示为 d11。

◆　单击"模型"功能区中的"平面"命令▱，弹出"基准平面"对话框，选择 TOP 基准平面，在"平移"文本框中输入参数"d11"，如图 8-9 所示。出现"是否要添加 d11 作为特征关系？"提示，单击"是"按钮，即成功创建了一个新的基准平面 DTM1。

◆　单击"模型"功能区中的"拉伸"命令▱，以 FRONT 基准平面作为草绘平面，在草绘模式下，利用▱ 参考工具单击创建的基准平面 DTM1，作为草绘参考，绘制经过该参考平面和坐标原点的矩形，如图 8-10 所示。在"拉伸"操控板上选择"往两侧拉伸"方式▯，设置拉伸深度为 50，单击"移除材料"按钮▱。完成的拉伸特征如图 8-11 所示。

图 8-7　菜单管理器

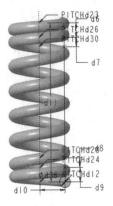

图 8-8　参数显示

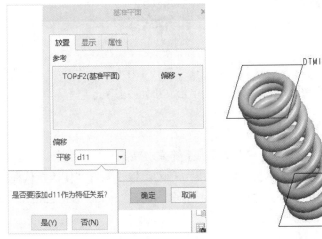

图 8-9　创建基准平面

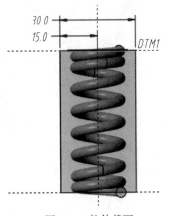

图 8-10　拉伸截面

图 8-11　拉伸特征结果

3. 设置节距与高度之间的关系式（如果不要求装配时有正常压缩效果，此步可省）

原始总长－新的总长＝（原始节距－新的节距）×（有效圈数－过渡圈数）

$54.9-d11=(8.51-d28)×(6-1.5)$

即：d28=8.51−(54.9−d11)/4.5

d30=8.51−(54.9−d11)/4.5

注意：新的总高度 d11 是自变量（在装配时指定）；节距 d28 与 d30 是因变量，它们的值由 d11 决定。等式左右两边不能调换顺序，即因变量要在等式的左边，自变量要在等式的右边。

单击"工具"→"关系"命令，出现图 8-12 所示的"关系"对话框，填入上述的关系式，单击"确定"按钮。至此，弹簧的模型建立完毕。

图 8-12　输入关系式

8.1.3　手压阀的装配设计

手压阀装配操作视频

1. 设置工作目录

单击功能区中的"文件"→"管理会话"→"选择工作目录"命令，系统弹出"选择工作目录"对话框，选择手压阀零件所在的文件夹，单击"确定"按钮。

2. 新建一个装配文件

单击功能区中的"文件"→"新建"命令，系统弹出"新建"对话框，在该对话框中选择"装配"单选按钮，在"文件名"文本框中输入"手压阀"，取消勾选"使用默认模板"复选框，单击"确定"按钮。系统弹出"新文件选项"对话框，选择"mmns_asm_design"模板选项，单击"确定"按钮，进入装配工作界面。

3. 装配第一个元件——阀体

单击"模型"功能区中的"组装"命令📐，在系统弹出的"打开"对话框中选择"01fati.prt"元件加载到当前工作界面中。系统自动弹出"装配"操控板，将"约束类型"设置为"默认"，约束状况显示为"完全约束"，单击"确定"按钮✔️，主体组装结果如图 8-13 所示。

4. 装配第二个元件——阀杆

单击"组装"命令📐，打开"07fagan.prt"元件，在相应操控板中打开"放置"面板，在"约束类型"下拉列表框中选择"相切"选项。选择元件和组件中对应的相切曲面；然后选择"新建约束"，在约束选项中选择"重合"选项，选择元件的圆柱面，并在组件中选择外壁圆柱面。相应的约束元素如图 8-14 所示，装配结果如图 8-15 所示。

图 8-13　装配阀体零件

5. 装配第三个元件——胶垫

单击"组装"命令📐，打开"05jiaodian.prt"元件，"约束类型"分别选择两轴中心"重合"与两端面"重合"，相应的约束元素如图 8-16 所示，装配结果如图 8-17 所示。

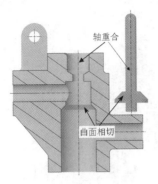

图 8-14　选择约束元素 1

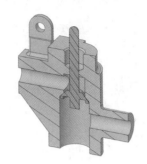

图 8-15　阀杆装配结果（剖视图）

图 8-16　选择约束元素 2

图 8-17　胶垫装配结果

6. 装配第四个元件——调节螺钉

单击"组装"命令 ，打开"04tiaojieluoding.prt"元件，"约束类型"分别选择两轴中心"重合"与两端面"重合"，相应的约束元素如图 8-18 所示，装配结果如图 8-19 所示。

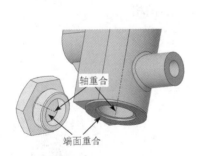

图 8-18　选择约束元素 3

图 8-19　调节螺钉装配结果

7. 装配第五个元件——弹簧

① 单击"视图管理器"按钮 ，弹出图 8-20 所示的对话框，单击"截面"→"新建"→"平面"按钮，按"Enter"键，弹出创建剖切平面的操作板。在模型上选择 ASM_FRONT 基准平面作为剖切平面，在该操作板上单击"显示剖面线"按钮 ，剖面显示结果如图 8-21 所示。

② 单击功能区中的"分析"→"测量"→"距离"命令，测量出阀杆圆锥底面到调节螺钉

底面的距离为 54 mm，如图 8-21 所示。

图 8-20　创建剖面

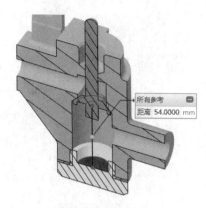

图 8-21　剖面显示结果

③ 取消显示剖面，返回"无剖面"状态。隐藏阀体"01fati.prt"和调节螺钉"04tiaojieluoding.prt"零件。然后单击"组装"按钮，弹出下拉列表框，从中选择"挠性"，打开"06tanghuang.prt"元件，并弹出图 8-22 所示的对话框，单击"新值"并修改为 54。

分别选择两轴中心"重合"与两端面"重合"，相应的约束元素如图 8-23 所示。完成后将调节螺钉和阀体取消隐藏，结果可用剖视图观察，如图 8-24 所示。

图 8-22　修改值

8. 装配第六、七个元件——填料、螺套

单击"组装"命令，分别打开填料"08tianliao.prt"元件与螺套"10luotao.prt"元件。"约束类型"分别选择两轴中心"重合"与两端面"重合"，具体操作方法跟调节螺钉的相同。装配结果如图 8-25 所示。

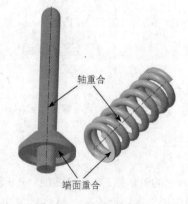

图 8-23　选择约束元素 4

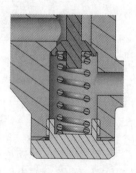

图 8-24　弹簧装配结果

图 8-25　填料、螺套装配结果

9. 装配第八个元件——手柄

单击"组装"命令，打开"09shoubing.prt"，分别选择两轴中心"重合"与两侧面"重合"，设置两曲面"相切"，相应的约束元素如图 8-26 所示，装配结果如图 8-27 所示。

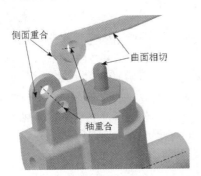

图 8-26　选择约束元素 5

图 8-27　手柄装配结果

10. 装配第九、十个元件——销钉、开口销

单击"组装"按钮，打开"02xiaoding.prt"，"约束类型"选择分别选择两轴中心"重合"、两侧面"重合"、两基准平面"平行"，即令销钉的孔呈水平放置，相应的约束元素如图 8-28 所示，操作结果如图 8-29 所示。

利用相同的装配方法，完成开口销"03kaikouxiao.prt"的装配，结果如图 8-30 所示。

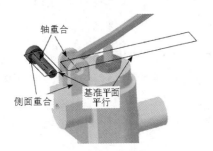

图 8-28　选择约束元素 6

图 8-29　销钉装配结果

图 8-30　开口销装配结果

11. 装配第十一个元件——球头

单击"组装"按钮，打开"11qiutou.prt"，"约束类型"分别选择两轴中心"重合"、两侧面"重合"，相应的约束元素如图 8-31 所示。装配好后将阀体零件进行透明化，结果如图 8-32 所示。

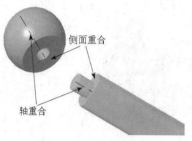

图 8-31　选择约束元素 7

图 8-32　最终装配结果

8.1.4　制作手压阀爆炸视图

手压阀爆炸动画
操作视频

① 打开手压阀装配体"shouyafa.asm"，单击"视图管理器"按钮，弹出对应对话框，切换到"分解"选项卡，新建一个分解视图，命名为"baozhatu"，按"Enter"键以"保存"该分解视图，单击鼠标右键，选择"编辑位置"选项。

② 在图形区中单击选择需要移动的元件，如图 8-33 所示，选择的元件会显示线框和其坐标系的 x、y 和 z 轴，分别代表要移动的方向。将鼠标指针放在想移动的方向对应的轴上，该轴显示的颜色会变深，此时按住鼠标左键并拖动，所选择的元件就可以沿着该坐标轴移动了，在合适的位置松开鼠标左键，即把该元件固定下来了，如图 8-34 所示。

图 8-33　选择元件

图 8-34　拖动结果

③ 按照上述的方法，将组件的各个部分分解出来，制作爆炸视图的原则是必须按照组装的顺序进行分解，将所有的组件按照组装的顺序进行分解之后就可以得到图 8-35（a）所示的视图，该视图即为该组件的爆炸视图。

④ 单击"文件"→"新建"命令，新建一个名为"drw001.drw"的绘图文件。注意，不要勾选"使用默认模板"复选框，指定模板为"空"。

⑤ 单击"创建普通视图"按钮，在图形区空白处单击鼠标左键，则会出现"绘图视图"操控板，选择"比例"，输入自定义比例 1。

⑥ 选择"视图状态"，勾选"视图中的分解元件"复选框，在"装配分解状态"中选择"默认"。

⑦ 选择"视图显示"，在"显示样式"中选择"消隐"显示，得到图 8-35（b）所示的爆炸视图。

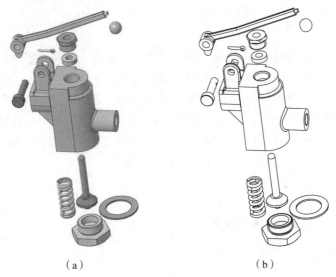

（a）　　　　　　　　　　　　（b）

图 8-35　爆炸视图

8.1.5　制作手压阀二维装配图

1. 制作标题栏

标题栏制作过程略，最终的标题栏"A3-shouyafa.frm"格式如图 8-36 所示。

11	球头	1	胶木	
10	螺杆	1	Q235-A	
9	手柄	1	20	
8	填料	1	石棉	
7	阀杆	1	45	
6	弹簧	1	60CrVA	
5	胶垫	1	橡胶	
4	调节螺钉	1	Q235-A	
3	开口销4X14	1	Q215	GB/T91-2000
2	螺钉	1	20	
1	阀体	1	HT150	
序号	名称	数量	材料	备注

手压阀		比例	1：1.5
		数量	
制图	David	中国图学学会	
审核			

图 8-36　标题栏格式

2. 新建工程图文件

先打开已建好的"手压阀.asm"装配模型，再单击"文件"→"新建"命令，弹出"新建"对话框，选择"绘图"单选按钮，输入文件名"手压阀.drw"，单击"确定"按钮。随后弹出"新建绘图"对话框，由于三维模型已打开，因此系统自动在"默认模型"处选择了"手压阀.asm"（如果之前没打开 3D 模型，则可以单击"默认模型"下的"浏览"按钮，选择已有的 3D 模型文件），在"指定模板"中选择"格式为空"，单击"浏览"按钮，选择之前创建好的格式文件"A3-shouyafa.frm"，单击"确定"按钮，进入 2D 绘图模式。

3. 创建绘图环境

直接调用之前保存好的绘图配置文件。

4. 创建普通视图

① 在"布局"选项卡中选择"普通视图"工具，在图形区空白处单击放置普通视图，结果如图 8-37 所示。

② 在系统弹出的"绘图视图"对话框中设置"FRONT"为模型视图名，视图比例为 0.5，视图"显示样式"为"消隐"，"相切边显示样式"为"无"。设置完成后的视图显示如图 8-38 所示。

图 8-37 普通视图

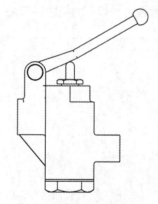
图 8-38 主视图显示结果

③ 选择主视图，单击鼠标右键打开快捷菜单，取消勾选"锁定视图移动"复选框，即可用鼠标左键将视图拖动至合适位置。

5. 创建投影视图

单击主视图，出现图 8-39 所示的左键快捷菜单，单击"投影视图"按钮，在主视图的右边放置左视图；用相同的方法在主视图的下方放置俯视图。按住"Ctrl"键，同时选择左视图和俯视图，出现左键快捷菜单，单击"属性"按钮，进入"绘图视图"对话框，将"显示样式"改为"消隐"、"相切边显示样式"改为"无"。完成的三视图如图 8-40 所示。

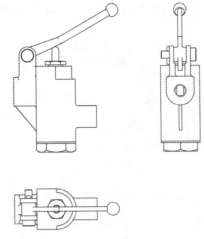

图 8-39　左键快捷菜单

图 8-40　三视图

6. 创建全剖视图

切换到"手压阀.asm"文件的装配模式。单击"视图管理器"按钮 🖿，打开"视图管理器"对话框，切换到"截面"选项卡，选择"新建"→"平面"选项。输入截面名称"A"并按"Enter"键，弹出"横截面创建"操控板，选择 FRONT 基准平面作为剖切平面，单击"显示剖面线"按钮 🖿，并选择颜色 🖎，得到图 8-41 所示的剖面 A，单击"确定"按钮。在模型树上会显示该截面，可以单击该截面，在弹出的左键快捷菜单上单击"取消激活"按钮 🖎。

返回到工程图模式下，双击该视图，弹出"绘图视图"对话框，选择"截面"选项，选择"2D横截面"选项，单击 ➕ 按钮，添加之前创建的剖面 A，系统默认为全剖，结果如图 8-42 所示。

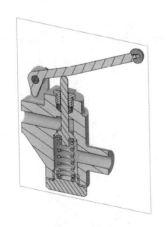

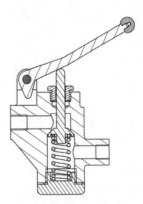

图 8-41　剖面 A

图 8-42　全剖视图

7. 创建俯视图中的剖面

为了得到俯视图中的剖面，先新建一个基准平面 ADTM5，如图 8-43 所示，通过销钉的轴心的水平面。

切换到"手压阀.asm"文件的装配模式，单击"视图管理器"按钮 🖿，打开"视图管理器"对话框，切换到"截面"选项卡，选择"新建"→"平面"选项。输入截面名称"B"并按"Enter"

键，选择基准平面 ADTM5 作为剖切平面，得到图 8-44 所示的剖面 B。

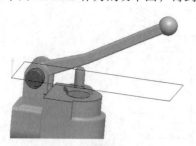

图 8-43　创建基准平面

图 8-44　创建剖面 B

再返回到工程图模式下，双击该视图，在绘图视图窗口中单击"截面"添加之前创建好的剖面 B，设置剖切区域为"完全"，结果如图 8-45 所示。

8.　修改剖面线

（1）排除主视图中个别元件的剖面线

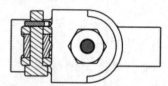

图 8-45　添加截面结果

切换到"布局"选项卡，双击主视图中的剖面线，弹出"修改剖面线"菜单，选择"X 分量"图形区中将显示当前元件，再选择"下一个"，则显示下一个元件为当前元件。若显示元件为需要修改剖面线的零件，则选择"间距"→"一半（或加倍或值）"调整剖面线的间距，接着选择"下一个"……，找到待修改对象，用相同方法继续修改。修改完间距后，再选择"角度"修改剖面线的角度，接着选择"下一个"→"X 分量→"角度"继续修改角度。有些元件不需要显示剖面线，则在选择"下一个"显示其剖面线后，选择"排除"选项，最后单击"确定"按钮，结果如图 8-46 所示。

（2）排除俯视图中个别元件的剖面线

双击俯视图中的剖面线，运用相同的方法，排除阀杆、销钉和开口销 3 处的剖面线，结果如图 8-47 所示。

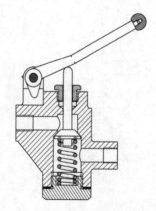

图 8-46　排除主视图中个别元件剖面线的结果

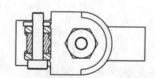

图 8-47　排除俯视图中个别元件剖面线的结果

（3）修改主视图中球头处的剖面线

主视图中球头处的剖面线应改为网格填充类型，更改的办法是：切换到"布局"选项卡，双击该剖面线，在菜单管理器中选择"检索"，出现图 8-48 所示的剖面线符号列表，选择

"custom_patterns.pat"→"zinc"，则该剖面线显示为网格填充类型，如图 8-49 所示。

图 8-48　剖面线符号列表

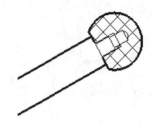

图 8-49　网格填充结果

（4）拭除阀体肋板区域的剖面线

对于阀体零件，其肋不能被剖切，所以应去除该区域的剖面线。

切换到"布局"选项卡，双击主视图中的剖面线，弹出"修改剖面线"菜单，选择"X 分量"→"下一个"，找到阀体元件，再选择"X 区域"→"下一个"；找到肋板所在的区域，再单击"拭除"命令，即去除了该区域的剖面线，如图 8-50 所示。

将该视图的显示样式临时更改为"隐藏线"，即用灰色的线显示隐藏线，如图 8-51 所示。

切换到草绘模式下，选择"投影"工具，激活肋板旁边需要补充剖面线的边界线，如图 8-52 所示，单击鼠标中键确定。再运用"拐角"工具，把右下方多余的线段删除，使边界线封闭。

单击鼠标右键，在图 8-53 所示的右键快捷菜单中选择"剖面线/填充"选项，采用默认的剖面线名称，确定完成剖面线的结果如图 8-54 所示，将其间距和角度更改为与阀体其余部分剖面线一致的值。然后，将该视图的显示样式还原为"消隐"，结果如图 8-55 所示。

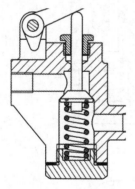

图 8-50　拭除剖面线

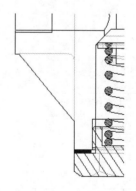

图 8-51　显示隐藏线

9. 显示基准轴

在"注释"选项卡的"注释"选项组内单击"显示模型注释"按钮，系统弹出"显示模型注释"对话框，如图 8-56 所示，单击"基准特征显示"按钮，然后在图形区中选择主视图，再在此对话框中单击"全选"按钮，显示出所有基准轴，单击"应用"按钮。按照这种方法继续创建出其余视图的基准轴。然后修正一些基准轴，根据需要将某些基准轴拉长、缩短或删减，调整好各基准轴后得到图 8-57 所示的效果。

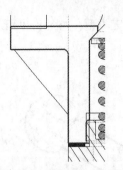

图 8-52　激活待填充区域

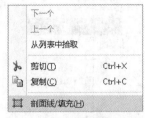

图 8-53　右键快捷菜单

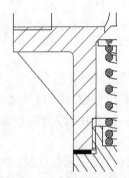

图 8-54　补充剖面线

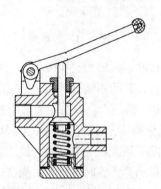

图 8-55　剖面线填充结果

图 8-56　"显示模型注释"对话框

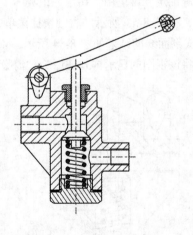
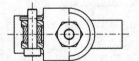

图 8-57　基准轴显示结果

10. 将手柄旋转到另一极限位置

① 切换到草绘模式下，选择"投影"工具 ▣，激活手柄和球头的外形线，如图 8-58 所示，单击鼠标中键确定。

② 在草绘模式下，选择"旋转"选项，框选刚激活的外形线，单击"确定"按钮，出现图 8-59 所示的"选择点"对话框，单击"顶点"选项，选择图 8-60 中箭头所指的中点作为旋转中心，设置旋转角度为–25.5，即旋转到图 8-61 所示的状态。

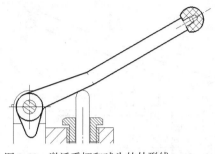

图 8-58 激活手柄和球头的外形线

图 8-59 "选择点"对话框

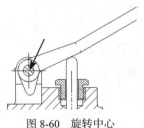

图 8-60 旋转中心

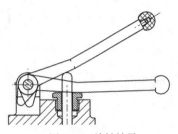

图 8-61 旋转结果

③ 框选该区域，单击鼠标右键，出现快捷菜单，选择"线型"工具 ，弹出"修改线型"对话框，如图 8-62 所示，将"样式"选择为"切削平面"，线型会自动更换为"双点划线"，结果如图 8-63 所示。

图 8-62 "修改线型"对话框

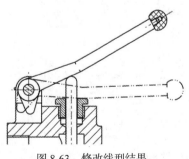

图 8-63 修改线型结果

11. 标注尺寸

切换到"注释"选项卡，单击"标注尺寸"按钮 ，系统弹出"选择参考"对话框，默认为"选择图元" ，然后按住"Ctrl"键在视图中选择两条参考边，如图 8-64 中箭头所指的两边，在空白处单击鼠标中键确认放置尺寸，即显示出图 8-64 所示的尺寸 20。此时系统仍处于标注尺寸的状态，可继续完成多个尺寸的标注，单击尺寸还可将其拖动到合适的位置。调整好的主视图尺寸标注结果如图 8-65 所示。

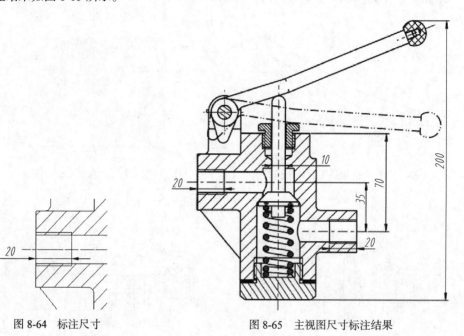

图 8-64　标注尺寸　　　　　　　　　　图 8-65　主视图尺寸标注结果

12. 修改尺寸的属性

（1）将视图中的尺寸 10 更改为ϕ10H8/f8。双击该尺寸，系统功能区中会自动出现"尺寸"选项卡，单击"尺寸文本"按钮 ⌀10.00，出现图 8-66 所示的对话框，在"前缀"文本框中输入符号ϕ（单击下方的"符号"，找到ϕ），在"后缀"文本框中输入 H8/f8，尺寸修改结果如图 8-67 所示。

图 8-66　"尺寸文本"对话框

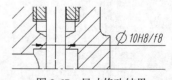

图 8-67　尺寸修改结果

（2）将视图中的尺寸 200 更改为 135-200。双击该尺寸，系统功能区中会自动出现"尺寸"选项卡，单击"尺寸文本"按钮 ⌀10.00，出现图 8-66 所示的对话框，原来的尺寸显示格式为"@D"，将其更改为"@O135-200"，尺寸修改结果如图 8-68 所示。

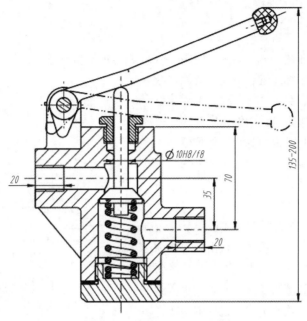

图 8-68　主视图尺寸修改结果

13. 尺寸标注与修改后的三视图

俯视图和左视图中的尺寸标注方法与修改方法跟主视图的类似，这里就不一一赘述了。结果如图 8-69 所示。

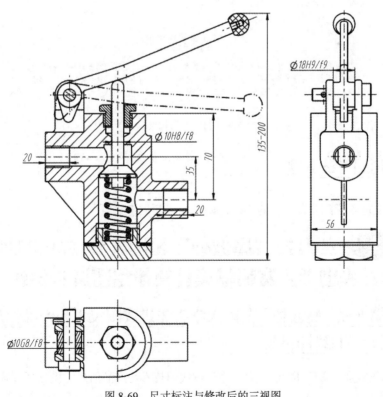

图 8-69　尺寸标注与修改后的三视图

14. 标注序号

在"注释"选项卡中单击"注解"按钮 ⟨▲注解▾ 右侧的下拉按钮，选择 ⟨▲ 引线注解 ，在视图中选择合适的位置单击鼠标左键，再在需要放置数字的地方单击鼠标中键，弹出"输入注解"对话框，输入序号，如"1"，单击鼠标中键确定完成序号的标注，单击序号还可将其拖动到合适的位置。用此方法完成所有序号的标注，结果如图 8-70 所示。

15. 文字说明

① 添加注解。单击"注解"按钮 ⟨▲注解 ，系统弹出"选择点"对话框，默认选择"自由点"作为注解的添加位置，在图形区中单击需要填写技术要求的位置，然后进入注解填写状态，输入"手压阀工作原理"7 个字，然后在"格式"选项卡中选择字号为 5.0；接着输入技术要求的具体内容，设置字号为 3.5。

② 修改文本样式。框选所有视图中的尺寸和文字，再选择"格式"选项卡的"样式"组中的字体为 ⟨T FangSong_GB2312 ，将所有字体统一，字高则应根据标注类别设置。注解结果如图 8-71 所示。

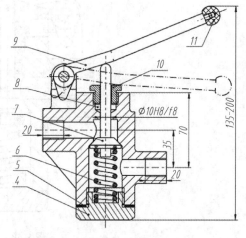

图 8-70 序号标注结果

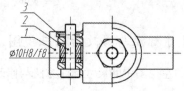

图 8-71 注解结果

8.1.6 历届考试真题

历届考试真题参见配套资源中的"Chapter8\8.1.6 历届考试真题"。

任务 8.2 第九届"高教杯"全国大学生先进成图技术与产品信息建模创新大赛机械类计算机绘图试卷分析

8.2.1 第九届"高教杯"全国大学生先进成图技术与产品信息建模创新大赛机械类计算机绘图试卷

图 8-72 为第九届"高教杯"全国大学生先进成图技术与产品信息建模创新大赛机械类计算机绘图试卷。

第九届"高教杯"全国大学生先进成图技术与产品信息建模创新大赛

机械类计算机绘图试卷

时间：180分钟，共计300分。在蓝根目表中以考号为名创建文件夹，将所有要提交的文件放入该文件夹。

工作任务：

1. 根据提供的图纸，创建所有零件的三维模型，对于图纸上缺失的技术信息，选手自己判断。
（标准件可以从标准库中调用或使用自带的标准件）
2. 完成产品的整体3D装配建模并生成装配图。图纸幅面及比例自定，装配图要表达完整的零件配合关系和产品功能，并按产品要求标注尺寸及技术要求。装配图上要有零件序号和明细栏。
3. 生成精箱盖的零件图，图纸幅面A3。比例自定。参考给定的精箱盖零件图。
4. 生成拆装过程动画。
（1）视频画面尺寸大于800×600，视频时间长度大于3分钟，保存的视频文件格式为AVI或WMV。
5. 生成产品零件的工作原理动画，能看到运动过程，要求如下：
（1）视频画面尺寸大于800×600。动画时间长度小于60秒，保存的视频文件格式为AVI或WMV。
（2）相机视频应能拍线产品一周观察整体全貌。
动画要符合零件的装配顺序和工作原理，并根据装配的需要设置蜗轮蜗杆有啮合区的特写镜头。

提交文件及评分要点如下：

1. 所有非标件的三维模型。 90分
2. 产品装配图。 60分
3. 产品装配图。 60分
4. 精箱盖零件图。 50分
5. 拆装动画文件。 20分
6. 工作原理文件。 20分

蜗轮减速器基本参数
1. 速　比： 48
2. 额定转速： 1440 r/min
3. 输入功率： 4.8 kW
4. 中 心 距： 232mm

技术要求
1. 零件安装之前清洗干净，去毛刺，倒锐角。
2. 啮合侧隙值不得小于0.1mm。
3. 组装的蜗轮减速器应转动灵活，不能有卡死或爬行现象。

序号	零件代号	零件名称	数量	材料	备注
27		螺塞	1	Q235	
26		垫圈	4	橡胶石棉板	
25	GB/T 6170-2000	螺母 M14	4		
24	GB/T 97.1-2002	平垫圈 14	4		
23	GB/T 5782-2000	螺栓 M14×120	4		
22		油箱盖	1	ZL101	
21		油箱盖销	1	Q215	
20	GB/T 1096-2003	键28×16×90	1		
19		蜗轮	1	ZCuSn10P1	
18		衬套	2	ZCuAl10Fe3	
17		蜗轮轴	1	40Cr	
16	GB/T 6170-2000	螺母 M10	10		
15	GB/T 97.1-2002	平垫圈 10	10		
14	GB/T 5782-2000	螺栓 M10×35	18		
13	GB/T 6171-2000	螺母 M30×2	2		
12		后盖	1	ZL101	
11		O形密封圈	1	橡胶	
10		轴承锁盖	1	Q235	
9	GB/T 296-2015	滚动轴承 3209	1		
8	GB/T 276-2013	滚动轴承 6309	1		
7		蜗杆	1	45	
6		螺母	1		
5		O形密封圈	1	橡胶	
4		油封40	1	毛毡	
3		前盖	1	ZL101	
2		箱体	1	ZL101	
1		箱盖	1	ZL101	
序号	零件代号	零件名称	数量	材料	

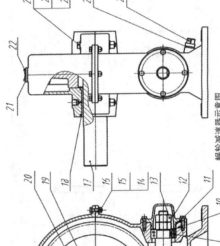

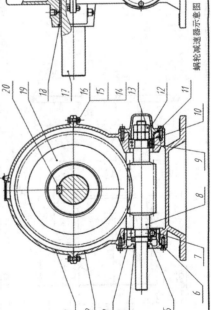

蜗轮减速器示意图

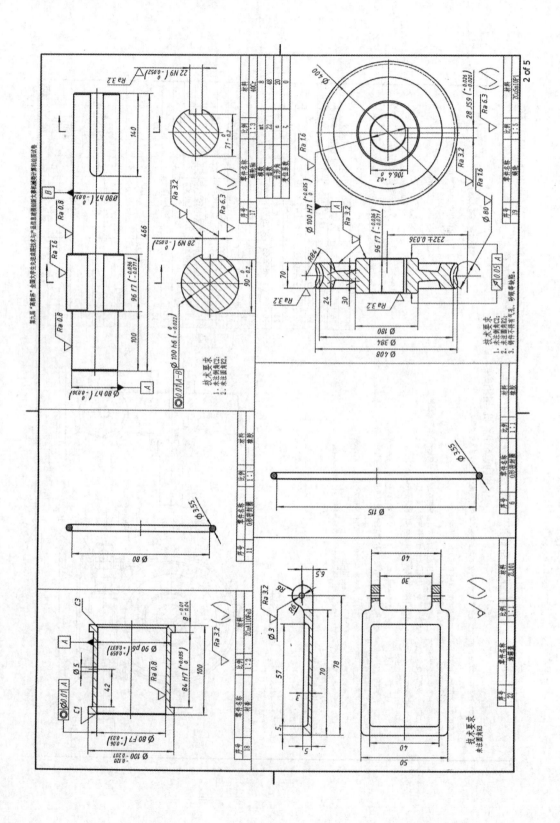

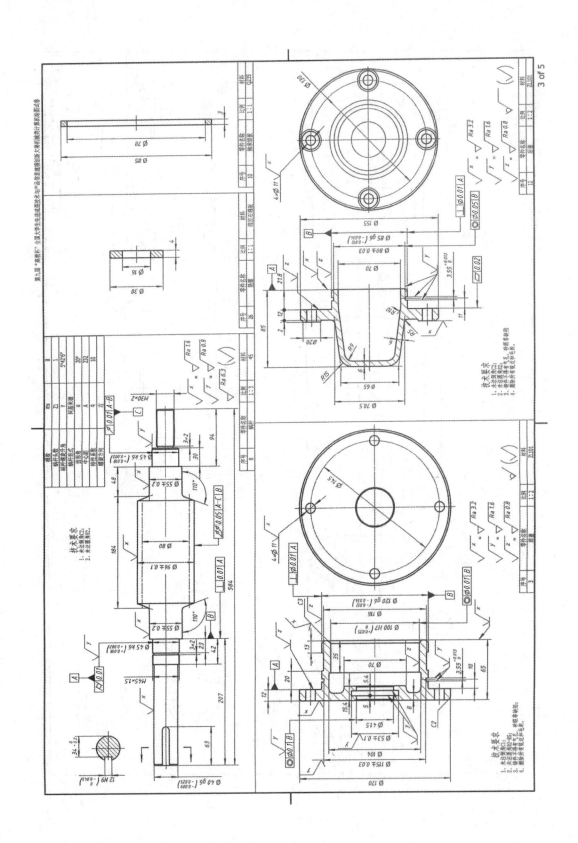

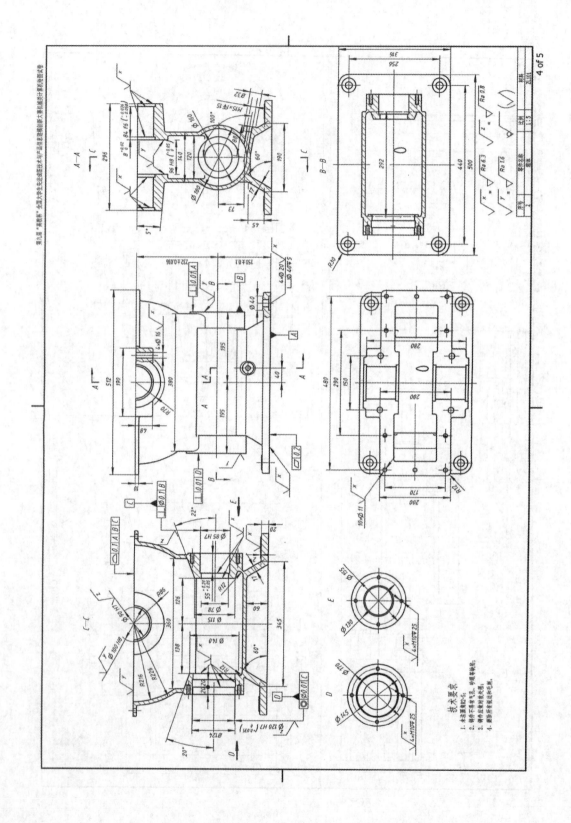

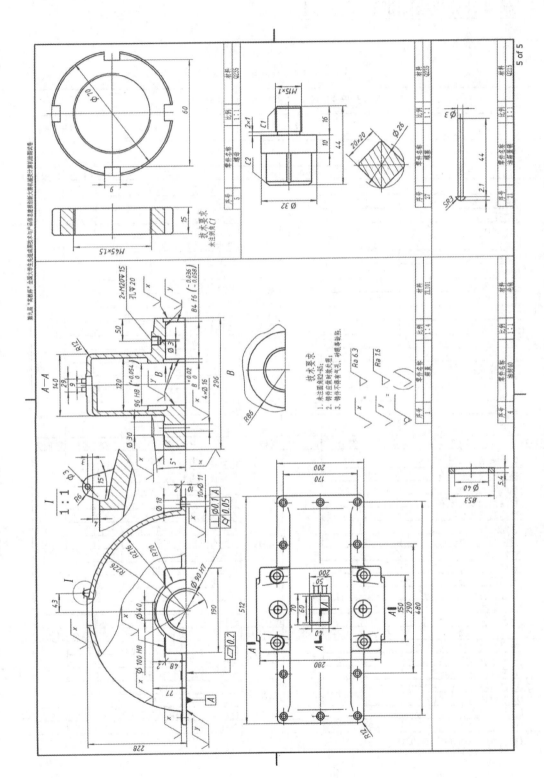

图 8-72　第九届 "高教杯" 全国大学生先进成图技术与产品信息建模创新大赛机械类计算机绘图试卷

8.2.2 第九届"高教杯"全国大学生先进成图技术与产品信息建模创新大赛机械类计算机绘图试卷评分标准

评分标准见表 8-1。

表 8-1 评分标准

机械类计算机绘图评分标准							
考号	一	二	三	四	五	合计	

项目一	子项目	分值	得分	评阅人	项目二	子项目	分值	得分	评阅人
非标件三维模型（共17个）（每错一处扣1，直至扣完）	1箱盖	12			装配体模型（正确得分）	蜗轮蜗杆	9		
	2箱体	24				轴承	6		
	3前盖	8				轴承上螺母	6		
	4油封40	1				轴承锁板	3		
	5螺母	3				前后盖及密封圈	6		
	6O形密封圈	1				前后盖连接件	6		
	8蜗杆	8				衬套	3		
	10轴承锁板	1				普通平键	3		
	11O形密封圈	1				油箱盖与销	6		
	12后盖	7				箱体箱盖连接件	6		
	17蜗轮轴	3				螺塞与垫圈	6		
	18衬套	3							
	19蜗轮	8							
	21油箱盖销	2							
	22油箱盖	4							
	26垫圈	1							
	27螺塞	3							
	合计	90				合计	60		

项目三	子项目	分值	得分	评阅人	项目四	子项目	分值	得分	评阅人
产品装配图	蜗杆轴向装配关系	10			箱盖零件图	主视图（有+2，局剖+5）	7		
	蜗轮轴向装配关系	10				俯视图（有+2）	2		
	螺塞装配关系	4				左视图（有+2，阶梯+5）	7		
	箱体箱盖装配关系	4				局部视图	2		
	产品的安装结构	2				局部放大图	2		
	其他结构	2				尺寸标注（每个+0.2）	10		
	规格尺寸（每个+1）	6				尺寸公差（每个+1）	5		
	装配尺寸（每个+1）	8				粗糙度（每个+0.5）	7		
	安装尺寸（每个+1）	3				形位公差（每个+1）	4		
	外形尺寸（每个+1）	3				技术要求	2		
	序号与明细栏（各3分）	6				标题栏	2		
	技术要求	2							
	合计	60				合计	50		

项目五	子项目	分值	得分	评阅人	项目六	子项目	分值	得分	评阅人
拆装过程动画	视频尺寸及时长（各2分）	4			工作原理动画	视频尺寸及时长（各2分）	4		
	有无相机镜头切换（有无）	4				绕产品一周观察（有无）	4		
	有无特写镜头（有无）	2				外壳渐隐显示（有无）	4		
	拆装顺序（错一处扣1分）	8				蜗杆蜗轮运动（有无）	4		
	材质与灯光应用（有无）	2				蜗轮蜗杆特写（有无）	2		
						材质与灯光应用（有无）	2		
	合计	20				合计	20		

说明：评分成绩保留小数位1位

8.2.3　第九届"高教杯"全国大学生先进成图技术与产品信息建模创新大赛机械类计算机绘图试卷参考答案——模型及装配图

1. 参考模型（见图 8-73）

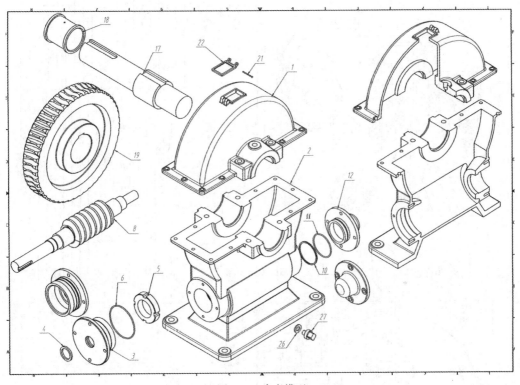

图 8-73　参考模型

2. 参考装配图（见图 8-74）

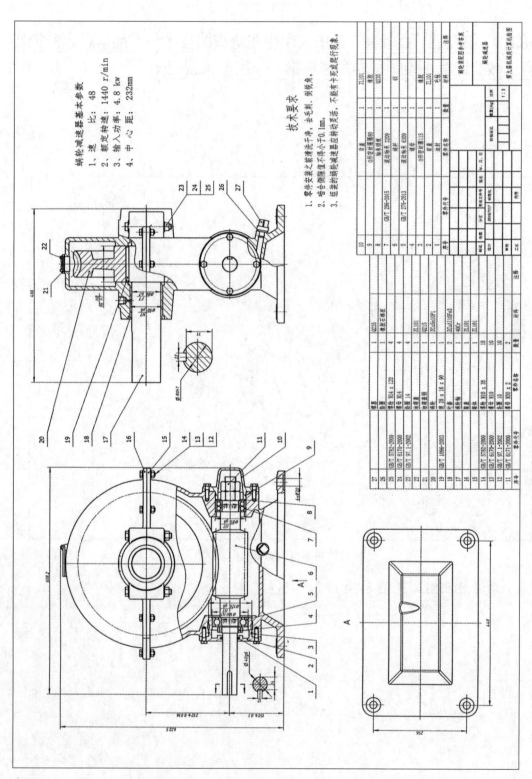

图 8-74　参考装配图

8.2.4 历届竞赛试题

历届竞赛试题参见配套资源中的"Chapter8/8.2.4 历届竞赛试题"。

参考文献

[1] 李汾娟，李程.Creo 3.0 项目教程［M］.北京：机械工业出版社，2017.

[2] 曹素红，姚念近.Pro/ENGINEER 野火版 5.0 产品造型设计项目式教程［M］.北京：机械工业出版社，2016.

[3] 刘广生，刘洁.Creo Parametric 5.0 动力学与有限元分析从入门到精通［M］.北京：人民邮电出版社，2019.

[4] 北京兆迪科技有限公司.Creo 4.0 曲面设计实例精解［M］.北京：机械工业出版社，2018.

[5] 设计之门老黄.中文版 Pro/EWildfire 5.0 完全实战技术手册［M］.北京：清华大学出版社，2015.

[6] 吴勤保，南欢.Creo 3.0 项目化教学任务教程［M］.西安：西安电子科技大学出版社，2016.

[7] 何秋梅.Pro\Engineer Wildfire 5.0 实例教程（课证赛融合）［M］.北京：机械工业出版社，2018.

[8] 刘伟，李学志，郑国磊.工业产品类 CAD 技能等级考试试题集［M］.北京：清华大学出版社，2015.

[9] 中国图学学会，三维数字建模试题集［M］.北京：中国标准出版社，2008.

[10] 陶冶，邵立康，樊宁.全国大学生先进成图技术与产品信息建模创新大赛命题解答汇编［M］.北京：中国农业大学出版社，2019.

[11] 钟日铭.Creo 6.0 中文版完全自学手册［M］.北京：机械工业出版社，2020.

[12] 张安鹏，马佳宾，李永松. Creo Parametric 高级应用［M］.北京：北京航空航天大学出版社，2013.

[13] 齐从谦，李文静.Creo 3.0 三维创新设计与高级仿真［M］.北京：中国电力出版社，2017.

[14] 葛正浩，杨芙莲.Pro/ENGINEER Wildfire 4.0 机构运动学与动力学仿真及分析［M］.北京：化学工业出版社，2009.

[15] 设计之门老黄.中文版 Pro/E Wildfire 5.0 完全实战技术手册［M］.北京：清华大学出版社，2015.

[16] 周敏，牛余宝，杨秀丽.中文版 PTC Creo 4.0 完全实战技术手册［M］.北京：清华大学出版社，2017.

[17] 曹素红，姚念近.Pro/ENGINEER 野火版 5.0 产品造型设计项目式教程［M］.北京：机械工业出版社，2016.